建筑项目工程与造价管理

曹建强　步利民　杜岳秋　著

中国原子能出版社

图书在版编目(CIP)数据

建筑项目工程与造价管理 / 曹建强，步利民，杜岳秋著. -- 北京：中国原子能出版社，2023.3(2025.3重印)

ISBN 978-7-5221-1705-8

Ⅰ．①建… Ⅱ．①曹… ②步… ③杜… Ⅲ．①建筑工程－项目管理②建筑造价管理 Ⅳ．①TU71②TU723.3

中国国家版本馆CIP数据核字(2023)第041903号

建筑项目工程与造价管理

出版发行	中国原子能出版社(北京市海淀区阜成路43号　100048)	
责任编辑	王　蕾	
责任印制	赵　明	
印　　刷	北京天恒嘉业印刷有限公司	
经　　销	全国新华书店	
开　　本	787mm×1092mm　1/16	
印　　张	11.875	
字　　数	296千字	
版　　次	2023年3月第1版　　2025年3月第2次印刷	
书　　号	ISBN 978-7-5221-1705-8　　定　价　78.00元	

前　言

　　建筑行业的发展影响着我国经济的发展，因为建筑行业的投资和收益都是巨大的，而且建筑行业的发展也在促进社会和谐发展、改变社会的整体外观面貌，以及改善人民生活质量等方面发挥着重要的作用。建筑工程的管理是建筑行业发展的核心，只有管理做到位，行业的发展前景才能到位，所以说，建筑工程管理是非常重要的。

　　市场经济环境下，建筑工程市场的变化飞快，工程造价管理工作已经成为影响建筑施工企业市场竞争力和经济效益的关键所在。工程造价管理能对施工中的成本消耗情况进行动态监控，使建筑施工企业能保持稳定可持续发展。在现阶段的建筑工程招投标中，工程造价起着非常重要的作用，其已经成为衡量投标企业技术、管理和成本控制的重要因素，对评估企业的整体实力具有十分重要的现实意义。

　　全书共分七章，包括建设工程项目管理概论、可持续建设与建设工程项目的目标及控制、建设工程造价管理概论、建设工程项目合同动态控制与信息管理、工程设计阶段造价管理、项目招投标阶段的造价管理、项目施工阶段的造价管理。

　　本书突出了基本概念与基本原理，在编写时尝试多方面知识的融会贯通，注重知识层次递进，同时注重理论与实践的结合，力求做到以下几点：

　　（1）在编写上以培养读者的能力为主线，强调内容的针对性和实用性，体现"以能力为本位"的指导思想，突出实用性、应用性。

　　（2）层次分明，条理清晰，逻辑性强，讲解循序渐进。

　　（3）知识通俗化、简单化、实用化和专业化；叙述详尽，通俗易懂。

　　本书可供相关行业技术人员参考使用，也可作为普通高等院校相关专业的本科生及研究生的辅助学习资料或者学习参考用书。

　　由于编者水平有限及本书带有一定的探索性，因此本书的体系可能还不尽合理，书中疏漏错误也在所难免，恳请读者和专家批评指正。在此对在本书编写过程中给予帮助的各位同志表示衷心感谢！

目 录

第一章

建设工程项目管理概论

项目是人们经过深思熟虑后计划要做的一件比较复杂的大事。英语把项目称为 project，也是"想通了、想透了再抛出去的事"。所以，项目不同于一般的事，它有以下的特征。

(1) 具有特定的对象，并以其实现的绩效为主要目标。

(2) 应在一定的时间内完成，有资金限制，完成后对社会有一定的使用或服务功能。

(3) 一次性，相同的两个项目在不同的地点和环境下，其实现过程和效果不会相同。

(4) 成果好坏的不可挽回或难以挽回性。

(5) 完成项目所组织的机构的临时性和开放性。

建造水坝、桥梁或房屋建筑都具有上述特征，因此，建设工程属于项目范畴；但项目不仅包括建设工程，如研发一种武器、一项科研任务、登月计划等都是项目。

随着科学技术的飞速发展，项目越趋复杂，参与项目的利益相关者越来越多，必须采用先进的方法和技术来管理，项目管理这门学科应运而生。

第一节 建设工程项目管理的定义和内涵

一、项目

(一) 项目的概念

"项目"一词来源于人类有组织的活动，其表现形式多种多样，中国的长城、埃及的金字塔以及古罗马的尼姆水道都是人类历史上运作大型复杂项目的范例。对于项目，目前还没有统一的定义，不同的机构与行业各自有对项目定义的不同表达。

德国国家标准 DIN 69901 认为，项目是指在总体上符合以下条件的唯一性任务：

(1) 具有一定的目标。

(2) 具有时间、财务、人力和其他限制条件。

(3) 具有专门的组织。

美国项目管理协会（Project Management Institute，PMI）将项目定义为："项目是为完成某一独特的产品或服务所做的一次性努力。"美国项目管理协会对项目管理所需的知识、技能和工具进行了概括性的描述，形成了 PMBOK（Project Management Body of Knowledge），即项目管理知识体系。

美国项目管理专业资质认证委员会主席保罗·格雷斯（Paul Grace）说过："在当今社会中，一切都是项目，一切也将成为项目。"

综上所述，项目可定义为：项目是在一定约束条件下（时间、资源、质量标准）完成的，具有明确目标的非常规性、非重复性的一次性任务。

以下活动都可以称为一个项目：建造一栋建筑物；开发一项新产品；计划举行一项大型活动（如婚礼、大型国际会议等）；策划一次自驾车旅游；ERP（企业资源计划）的咨询、开发、实施与培训等。这些都是项目，都是在一定的约束条件下完成的，也都是一次性的任务。

（二）项目的特征

1. 项目实施的一次性

项目是一次性的任务，任何项目都有自身的特点，不可能有两个完全相同的项目存在，这是项目最主要的特征。区分一种或一系列活动是不是项目，其重要的标准就是辨别这些活动是否生产或提供特殊的产品和服务，这就是项目的一次性。每一个项目的产品和服务都是唯一的、独特的。一次性决定了项目有确定的起点和终点，不可能进行完全的照搬和复制。有些项目即使产品或者服务相似，但由于时间、地点、内外部环境的不同，使得项目的实施过程和项目本身也具有独特的性质。只有充分认识到项目的一次性特征，才能有针对性地根据项目自身的特征情况进行科学而有效的管理，保证项目的成功。

2. 项目目标的明确性

项目的目标必须是明确的，在项目成立之初目标便已确定，并且在项目的进行中目标一般不会发生太大的变化，因此，项目比较明显的特征就是目标的明确性。同时由于项目涉及多个主题、过程与活动等，这也反映了项目的多目标性。项目的多目标性主要体现在项目的成果性目标和约束性目标两个方面。成果性目标是指项目应实现按时交付产品和服务的目标；约束性目标是指要在一定的时间、人力和成本下完成项目。例如，某建筑工程的质量目标是争创"鲁班奖"。除明确目标之外，目标还必须是可以实现的，实现不了目标的项目是无法进行管理的。

3. 项目作为管理对象的整体性

项目是个系统，由各种相互联系的要素组成。从系统论的角度来说，每一个项目都是一个整体，都是按照其目标来配置资源，追求整体的效益，做到数量、质量、结构的整体优化。由于项目是实现特定目标而展开的多项任务的集合，是一系列活动的过程，所以，强调项目的整体性，就是要重视项目过程与目标的统一、时间与内容的统一。

4. 项目的约束性

任何项目都是在一定的约束条件下进行的。任何项目都具有一定的约束条件，如资源条件的约束（人力、物力、财力）和人为的约束，其中时间、成本、质量是普遍存在的约束条件。时间约束是指每一个项目都有明确的开始和结束。当项目的目标都已经达到时，该项目就结束了；当项目的目标确定不能达到时，该项目就会终止。时间约束是相对的，并不是说每个项目持续的时间都短，而是仅指项目具有明确的开始和结束时间，有些项目需要持续几年，甚至更长时间。项目的实施是企业或者组织调用各种资源和人力来实施的，但这些资源都是有限的，而且企业或组织为维持日常的运作不会把所有的人力、物力和财力都放在这一个项目上，投入的仅仅是有限的资源。

5．项目的不确定性

在日常运作中，人们拥有较为成熟的、丰富的经验，对产品和服务的认识比较全面，但在某项目实行的过程中，所面临的风险就比较多，具有明显的不确定性。一方面，是因为经验不丰富，环境不确定；另一方面，就是生产的产品和服务具有独特性，在生产之前对这一过程并不熟悉。

二、建设工程项目

（一）建设工程项目基础知识

1．建设工程项目的概念

工程项目是项目中数量最大的一类，凡是最终成果是"工程"的项目均可称为工程项目。工程项目属于投资项目中最重要的一类，是一种投资行为与建设行为相结合的投资项目。

投资与建设是分不开的，投资是项目建设的起点，没有投资，就不可能进行建设；反过来，没有建设行为，投资的目的就不可能实现。建设过程实质上是投资的决策和实施过程，是投资目的的实现过程，是把投入的资金转换为实物资产的经济活动过程。

对一个工程项目范围的认定标准，是具有一个总体设计或初步设计的。凡属于一个总体设计或初步设计的项目，不论是主体工程还是相应的附属配套工程，不论是由一个还是由几个施工单位施工，不论是同期建设还是分期建设，都视为一个工程项目。

建设工程项目是指按照一定的投资，经过决策和实施的一系列程序，在一定的约束条件下以形成固定资产为明确目标的一次性事业。其主要是由以房屋建筑工程和以公路、铁路、桥梁等为代表的土木工程共同构成，如修建一座水电站、兴建一条高速公路或建造一幢大楼。一个建设工程项目必须在一个总体设计或初步设计范围内，由一个或若干个互有内在联系的单项工程所组成，经济上实行统一核算，行政上实行统一管理。

2．建设工程项目的特点

建设工程项目除了具有一般项目的基本特点外，还有自身的特点。建设工程项目的特点表现在以下几个方面。

（1）具有明确的建设任务，如建设一个住宅小区或建设一座发电厂等。

（2）具有明确的质量、进度和费用目标。

（3）建设成果和建设过程固定在某一地点。

（4）建设产品具有唯一性的特点。

（5）建设产品具有整体性的特点。

3．建设工程项目的分类

（1）按自然属性划分。建设工程是指为人类生活、生产提供物质技术基础的各类建筑物和工程设施的统称。按照自然属性可分为建筑工程、土木工程和机电工程三类，涵盖房屋建筑工程、铁路工程、公路工程、水利工程、市政工程、煤炭矿山工程、水运工程、海洋工程、民航工程、商业与物质工程、农业工程、林业工程、粮食工程、石油天然气工程、海洋石油工程、火电工程、水电工程、核工业工程、建材工程、冶金工程、有色金属工程、石化工程、化工工程、医药工程、机械工程、航天与航空工程、兵器与船舶工程、轻工工程、纺织工程、电子与通信工程和广播电影电视工程等。

（2）按建设性质划分。建设工程项目按建设性质划分可分为新建、扩建、迁建和恢复项目。① 新建项目。即根据国民经济和社会发展的近远期规划，按照规定的程序立项，从无到有、"平地起家"的建设项目。现有企业、事业和行政单位一般不应有新建项目。有的单位如果原有基础薄弱需要再兴建的项目，其新增加的固定资产价值超过原有全部固定资产价值（原值）3倍以上时，才可算新建项目。② 扩建项目。包括：现有企业在原有场地内或其他地点，为扩大产品的生产能力或增加经济效益而增建的生产车间、独立的生产线或分厂的项目；事业和行政单位在原有业务系统的基础上扩充规模而进行的新增固定资产投资项目。③ 迁建项目。即原有企业、事业单位，根据自身生产经营和事业发展的要求，按照国家调整生产力布局的经济发展战略的需要或出于环境保护等其他特殊要求，搬迁到异地而建设的项目。④ 恢复项目。即原有企业、事业和行政单位，因在自然灾害或战争中其原有固定资产遭受全部或部分报废，需要进行投资重建来恢复生产能力和业务工作条件、生活福利设施等的建设项目。这类项目，不论是按原有规模恢复建设，还是在恢复过程中同时进行扩建，都属于恢复项目。但对尚未建成投产或交付使用的项目，受到破坏后，若仍按原设计重建的，原建设性质不变；如果按新设计重建，则根据新设计内容来确定其性质。

基本建设项目按其性质分为上述四类，一个基本建设项目只能有一种性质，在项目按总体设计全部建成以前，其建设性质是始终不变的。更新改造项目包括挖潜工程、节能工程、安全工程、环境保护工程等。

（3）按建设规模划分。为适应对工程建设项目分级管理的需要，国家规定基本建设项目分为大型、中型、小型三类；更新改造项目分为限额以上和限额以下两类。不同等级标准的工程建设项目，国家规定的审批机关和报建程序也不尽相同。

划分项目等级的原则包括：① 按批准的可行性研究报告（初步设计）所确定的总设计能力或投资总额的大小，依据国家颁布的《基本建设项目大中小型划分标准》进行分类。② 凡生产单一产品的项目，一般按产品的设计生产能力划分；生产多种产品的项目，一般按其主要产品的设计生产能力划分；产品分类较多，不易分清主次、难以按产品的设计能力划分时，可按投资总额划分。③ 对国民经济和社会发展具有特殊意义的某些项目，虽然设计能力或全部投资不够大、中型项目标准，但经国家批准已列入大、中型计划或国家重点建设工程的项目，也按大、中型项目管理。④ 更新改造项目一般只按投资额分为限额以上和限额以下项目，不再按生产能力或其他标准划分。⑤ 基本建设项目的大、中、小型和更新改造项目限额的具体划分标准，根据各个时期经济发展和实际工作中的需要而有所变化。

现行国家的有关规定包括：按投资额划分的基本建设项目，属于生产性建设项目中的能源、交通、原材料部门的工程项目，投资额达到 5000 万元以上的为大中型项目；其他部门和非工业建设项目，投资额达到 3000 万元以上的为大中型建设项目。按生产能力或使用效益划分的建设项目，以国家对各行各业的具体规定作为标准。更新改造项目只按投资额标准划分，能源、交通、原材料部门投资额达到 5000 万元及其以上的工程项目和其他部门投资额达到 3000 万元及其以上的项目为限额以上项目，否则为限额以下项目。

（4）按投资作用划分。建设工程项目按投资作用可分为生产性建设项目和非生产性建设项目。① 生产性建设项目是指直接用于物质资料生产或直接为物质资料生产服务的工程建设项目。其主要包括：工业建设（包括工业、国防和能源建设）、农业建设（包括农、林、牧、渔、水利建设）、基础设施建设（包括交通、邮电、通信建设以及地质普查、勘探建设等）、商业建设（包括商业、饮食、仓储、综合技术服务事业的建设）。② 非生产性建设项目是指用于满足人民物质、文化和福利需要的建设和非物质资料生产部门的建设。其主要包括：国家各级党政机关、社会团体、企业管理机关的办公用房；住宅、公寓、别墅等居住建筑；科学、教育、文化艺术、广播电视、卫生、博览、体育、社会福利事业、公共事业、咨询服务、金融、保险等公共建设；不属于上述各类的其他非生产性建设。

（5）按投资效益划分。建设工程项目按投资效益可分为竞争性项目、基础性项目和公益性项目。① 竞争性项目是指投资效益比较高、竞争性比较强的一般性建设项目。这类建设项目应以企业作为基本投资主体，由企业自主决策、自担投资风险。② 基础性项目是指具有自然垄断性、建设周期长、投资额大而收益低的基础设施和需要政府重点扶持的一部分基础工业项目，以及直接增强国力的符合经济规模的支柱产业项目。对于这类项目，主要应由政府集中必要的财力、物力，通过经济实体进行投资。同时，还应广泛吸收地方、企业参与投资，有时还可吸收外商直接投资。③ 公益性项目主要包括科技、文教、卫生、体育和环保等设施，公检法等政权机关以及政府机关、社会团体办公设施，国防建设等。公益性项目的投资主要由政府用财政资金安排。

（6）按投资来源划分。建设工程项目按投资来源可分为政府投资项目和非政府投资项目。

4. 建设工程项目及其组成

建设工程项目可以分为单项工程、单位工程、分部工程和分项工程。

（1）单项工程。单项工程是指在一个工程项目中，具有独立的设计文件，竣工后可以独立发挥生产能力或效益的工程。例如，学校的教学楼、食堂、水塔、桥梁等都是单项工程。

（2）单位工程。单位工程是指具有独立的设计文件和独立的施工条件，但是竣工以后不能够独立发挥效益的工程。

在房屋建设项目中，一个独立的、单一的建筑物（构筑物）均可称为一个单位工程。对于建筑规模较大的单位工程，可将其能形成独立使用功能的部分作为一个子单位工程。室外工程根据专业类别和工程规模划分为室外建筑环境和室外安装两个单位工程，并又分成附属建筑、室外环境、给水排水与采暖和电气子单位工程。

（3）分部工程。分部工程是单位工程的组成部分，按照工程部位、设备种类和型号或主要工种进行划分。例如，一般房屋建筑单位工程可划分为地基与基础、主体结构、屋面、装饰装修、给水排水及采暖、建筑电气、通风与空调、电梯、智能建筑等分部工程。

当分部工程较大、较复杂时，可按材料种类、施工特点、施工程序、专业系统及类别等划分为若干子分部工程。

（4）分项工程。分项工程是分部工程的组成部分，一般按主要工程、材料、施工工艺、设备类别等进行划分。例如，土方开挖工程、土方回填工程、钢筋工程、模板工程、混凝土工程、砖砌体工程、木门窗制作与安装工程、玻璃幕墙工程等。分项工程可由一个或若干检验批组成，检验批可根据施工、质量控制和专业验收的需要按楼层、施工段、变形缝等进行划分。

（二）建设工程项目的生命周期

项目的生命周期描述了项目从开始到结束所经历的各个阶段，最一般的划分是将项目分为识别需求、提出解决方案、执行项目、结束项目四个阶段。实际工作中根据项目所属的不同领域再进行具体的划分。例如，在建筑业中一般将项目分为立项决策、计划与设计、建设、移交和运行等阶段。建设工程项目的生命周期包括整个项目的决策、设计、建造、使用以及最终清理的全过程。向前延伸到可行性研究阶段，向后拓展到运行管理（物业管理、资产管理、运行维护）阶段。项目立项是项目决策的标志，项目的实施阶段包括设计前的准备阶段、设计阶段、施工阶段、动用前准备阶段和保修期。

（三）建设工程项目管理

一般而言，项目管理是一种具有特定目标、资源及时间限制和复杂的专业工程技术背景的一次性管理事业，即通过一个临时性的专门的柔性组织，对项目进行高效率的计划、组织、指导和控制，以实现项目全过程的动态管理和项目目标的综合协调与优化。

具体而言，建设工程项目管理是以建设工程项目为对象，在既定的约束条件下，为实现最令人满意的项目目标，根据建设工程项目的内在规律，对从项目构思到项目完成（指工程项目竣工并交付使用）的全过程进行的计划、组织、协调、控制等一系列活动，以确保建设工程项目按照规定的费用目标、时间目标和质量目标完成。

在项目实施过程中，主客观条件的变化是绝对的，不变则是相对的；在项目进展过程中，平衡是暂时的，不平衡则是永恒的。因此，在项目实施过程中必须随着情况的变化进行项目目标的动态控制。

三、建筑工程项目管理

（一）建筑工程项目的概念

建筑工程项目是建设工程项目的一个专业类型，这里主要指把建设工程项目中的建筑安装施工任务独立出来形成的一种项目。建筑工程项目是建筑施工企业对一个建筑产品的施工过程及成果，也就是建筑施工企业的生产对象。这里所指的"建筑工程项目"可能是一个建设项目的施工，也可能是其中的一个单项工程或单位工程的施工。

（二）建筑工程项目管理的概念

建筑工程项目管理是针对建筑工程而言的，即在一定约束条件下，以建筑工程项目为对象，以最优实现建筑工程项目目标为目的，以建筑工程项目经理负责制为基础，以建筑工程承包合同为纽带，对建筑工程项目进行高效率的计划、组织、协调、控制和监督的系统管理活动。

（三）建筑工程项目管理的类型

在建筑工程项目的生产过程中，一个项目往往由许多参与方承担不同的建设任务，而各参与方的工作性质、工作任务和利益各有不同，因此就形成了不同类型的项目管理。由于业主方在整个建筑工程项目生产过程中负总责，是建筑工程项目生产过程的总组织者和总协调者，因此，对于一个建筑工程项目而言，虽然有代表不同利益方的项目管理，但是，业主方的项目管理是建筑工程项目管理的核心。

根据建筑工程项目不同参与方的工作性质和组织特征，项目管理可以分为业主方的项目管理、设计方的项目管理、施工方的项目管理、供货方的项目管理、建设项目总承包方的项目管理。

（1）业主方的项目管理。业主方的项目管理是全过程、全方位的，包括项目实施阶段的各个环节。主要包括组织协调、合同管理、信息管理以及投资、质量、进度三大目标控制。

（2）设计方的项目管理。设计单位受业主方委托承担工程项目的设计任务，以设计合同所界定的工作目标及其责任义务作为该项工程设计管理的对象、内容和条件，将业主或建设法人的建设意图、住房建设法律法规要求、建设条件作为输入，经过智力的投入进行建设项目技术经济方案的综合创作，编制出用以指导建设项目施工安装活动的设计文件，通常简称"设计方项目管理"。

（3）施工方的项目管理。施工企业的项目管理简称"施工方项目管理"，即施工企业通过工程施工投标取得工程施工承包权，按与业主签订的工程承包合同所界定的工程范围组织项目管理，内容是对施工全过程进行计划、组织、指挥、协调和控制。

（4）供货方的项目管理。从建设项目管理的系统分析角度看，物资供应工作也是工程项目实施的一个子系统，它有明确的任务和目标、明确的制约条件以及项目实施子系统的内在联系。因此，供货单位的项目管理通常简称"供货方项目管理"。

（5）建设项目总承包方的项目管理。业主在项目决策之后，通过招标择优选定总承包商全面负责建筑工程项目的实施全过程，直至最终交付使用功能和质量标准符合合同文件规定的工程项目，即为建筑工程项目总承包模式。建筑工程项目总承包有多种形式，比如设计和施工任务综合的承包，设计、采购与施工任务综合的承包等。

建筑工程项目管理的各参与方由于工作性质、工作任务不尽相同，其项目管理目标和主要任务也存在差异。

（四）建筑工程项目管理的程序

（1）编制项目管理规划大纲。项目管理规划分为项目管理规划大纲和项目管理实施规划。当承包人以编制施工组织设计代替项目管理规划时，施工组织设计应满足项目管理规划的要求。

项目管理规划大纲由企业管理层在投标之前编制，旨在作为投标依据，满足招标文件要求及签订合同要求的文件，其具体内容包括：① 项目概况；② 项目实施条件分析；③ 项目投标活动及签订施工合同的策略；④ 项目管理目标；⑤ 项目组织结构；⑥ 质量目标和施工方案；⑦ 工期目标和施工总进度计划；⑧ 成本目标；⑨ 项目风险预测和安全目标；⑩ 项目现场管理和施工平面图；⑪ 投标和签订施工合同；⑫ 文明施工及环境保护。

（2）编制投标书并进行投标。

（3）签订施工合同。

（4）选定项目经理。由企业采用适当的方式选聘称职的施工项目经理。

（5）项目经理接受企业法定代表人的委托参与组建项目经理部。根据施工项目经理部组织原则，选用适当的组织形式，组建施工项目管理机构，明确项目经理的责任、权限和义务。

（6）企业法定代表人与项目经理签订项目管理目标责任书。项目管理目标责任书是由企业法定代表人根据施工合同和经营管理目标的要求明确规定项目经理部应达到的成本、质量、进度和安全等控制目标的文件。

（7）项目经理部编制项目管理实施规划。项目管理实施规划由项目经理组织项目经理部在工程开工之前编制完成，是旨在指导施工项目实施阶段的管理文件，其具体内容包括：① 项目概况；② 总体工作计划；③ 组织方案；④ 技术方案；⑤ 进度计划；⑥ 质量计划；⑦ 职业健康安全与环境管理计划；⑧ 成本计划；⑨ 资源需求计划；⑩ 风险管理计划；⑪ 信息管理计划；⑫ 项目沟通管理计划；⑬ 项目收尾管理计划；⑭ 项目现场平面布置图；⑮ 项目目标控制措施；⑯ 技术经济指标。

（8）进行项目开工前的准备工作。

（9）施工期间按项目管理实施规划进行管理。

（10）在项目竣工验收阶段进行竣工结算，清理各种债权债务，移交资料和工程。

（11）进行工程项目经济分析。

（12）作出项目管理总结报告并送企业管理层有关职能部门审计。

（13）企业管理层组织考核委员会。

（14）对项目管理工作进行考核评价，并兑现项目管理目标责任书中的奖惩承诺。

（15）项目经理部解体。

（16）在保修期满前，根据工程质量保修书的约定进行项目回访保修。

（五）建筑工程项目管理的内容

在建筑工程项目管理的过程中，为了实现各阶段目标和最终目标，在进行各项活动时都要加强管理，具体内容包括建立项目管理组织、目标管理、资源管理、合同管理、采购管理、信息管理、风险管理、沟通管理、安全管理和后期管理等。

1. 建立项目管理组织

（1）由企业采用适当的方式选聘称职的施工项目经理。

（2）根据施工项目组织原则选用适当的组织形式，组建施工项目管理机构，明确责任权限和义务。

（3）在遵守企业规章制度的前提下，根据施工项目管理的需要制定施工项目管理制度。

2. 建筑工程项目的目标管理

建筑工程项目的目标有阶段性目标和最终目标，实现各项目标是其项目管理的目的所在。因此，应当坚持以控制论原理和理论为指导，进行全过程的科学管理。工程项目的控制目标主要包括进度目标、质量目标和成本目标。由于在项目目标的控制过程中会不断受到各种客观因素的干扰，各种风险随时可能发生，应通过组织协调和风险管理，对项目目标进行动态管理。

3. 建筑工程项目的资源管理

建筑工程项目的资源是项目目标得以实现的保证，主要包括人力资源、材料、机械设备、资金和技术。建筑工程项目资源管理的内容如下。

（1）分析各项资源的特点。

（2）按照一定原则方法对项目资源进行优化配置并对配置状况进行评价。

（3）对建筑工程项目的各项资源进行动态管理。

4. 建筑工程项目的合同管理

由于建筑工程项目管理是对在市场条件下进行的特殊交易活动的管理，因此，必须依法签订合同，进行履约经营。合同管理的水平直接涉及项目管理及工程施工的技术经济效果和目标实现，因此，要从招投标开始，加强工程承包合同的策划、签订、履行和管理。为了取得经济效益，还必须注意处理好索赔。在具体索赔过程中要讲究方法和技巧，提供充分的证据。

5. 建筑工程项目的采购管理

建筑工程项目在实施过程中，需要采购大量的材料和设备等。施工方应设置采购部门，制定采购管理制度、工作程序和采购计划，施工项目采购工作应符合有关合同、设计文件所规定的数量、技术要求和质量标准，符合进度、安全、环境和成本管理等要求。产品供应和服务单位应通过合格评定。在采购过程中应按规定对产品或服务进行检验，对不符合要求的产品或不合格品应按规定处置。采购资料应真实、有效、完整，具有可追溯性。

6. 建筑工程项目的信息管理

现代化管理要依靠信息。建筑工程项目管理是一项复杂的现代化管理活动，也需要依靠大量的信息及对大量信息的管理。信息管理要依靠计算机辅助进行，依靠网络技术形成项目管理系统，从而使信息管理现代化。要特别注意信息的收集与储存，使本项目的经验和教训得到记录和保留，为以后的项目管理服务，因此，认真记录总结、建立档案及保管制度非常重要。

7. 建筑工程项目的风险管理

建筑工程项目在实施过程中不可避免地会受到各种各样不确定性因素的干扰，存在项目控制目标不能实现的风险。因此，项目管理人员必须重视工程项目风险管理并将其纳入工程项目管理之中。建筑工程项目风险管理过程应包括施工项目实施全过程的风险识别、风险评估、风险响应和风险控制。

8. 建筑工程项目的沟通管理

沟通管理是指正确处理各种关系。沟通管理为目标控制服务。沟通管理的内容包括人际关系、组织关系、配合关系、供求关系及约束关系的沟通协调。这些关系发生在施工项目管理组织内部以及施工项目管理组织与其外部相关单位之间。

9. 建筑工程项目的安全管理

安全管理的关键在于安全思想的建立、安全保证体系的建立、安全教育的加强、安全措施的设计以及对人的不安全行为和物的不安全状态的控制。要引进风险管理技术，加强劳动保险工作，以转移风险，减少损失。着重做好班前交底工作，定期检查，建立安全生产领导小组，把不安全的事和物控制在萌芽状态。

10. 建筑工程项目的后期管理

根据管理的循环原理，项目的后期管理就是管理的总结阶段。它是对管理计划、执行、检查阶段经验和问题的提炼，也是进行新的管理的信息来源。其经验可作为新的管理制度和标准的源泉，其问题有待于下一循环管理予以解决。由于项目具有一次性特点，因此，其管理更应注意总结，不断提高管理水平并发展建筑工程项目管理学科。

第二节　工程项目管理的特点和重点

一、工程项目管理的特点

（一）项目管理的计划性

每个项目开工之前都要精心编制项目的纲领性文件：施工组织设计和项目策划，而这两项工作的重要内容之一就是项目计划管理。项目管理计划是项目的总体计划，它确定了项目开始、执行和结束的方式、方法，涉及项目的全部关联方、全部内容及全过程。它由公司和项目主要人员主导对项目过程和结果进行预见，制订并优选各项计划，如施工进度计划、资金使用计划、材料设备进场计划、人员组织计划、招标计划、方案编制计划等，指导项目有序、有效进行。计划是可分解、动态、灵活的，并随着环境或项目的变化而变化，计划也包括执行过程中的监督、控制和纠偏，这些都可以很好地帮助项目负责人领导项目团队并评价项目状态。

（二）项目管理的组织协调性

项目管理通过部门划分、明确责任，建立行之有效的规章制度，使项目的各阶段、各环节都有相应的管理者负责，形成若干高效率的组织保证体系，以确保目标实现。而对于工程项目不同阶段、环节之间的结合，协调性能使它们通过统一调度形成目标明确、步骤一致的局面，同时通过协调使看似矛盾的进度、质量和成本之间的关系，以及时间、空间和资源之间的关系都得到充分统一。

项目管理的一项重要的工作就是做好沟通协调工作，与建设单位、设计单位、勘察单位、监理单位的沟通协调，与地方政府、相关职能部门之间的沟通协调，与公司及项目各职能部门、各成员之间的沟通协调。沟通是解决项目实施过程中各种信息障碍的最基本方法，它能有效地解决争执以及统筹、协调各方利益。因此，必须建立有效的沟通体系，使信息在整个项目建设过程中得到良好的传递。

（三）项目管理的制度性

每个项目都有很多制度，或者公司下发的，或者项目自行制定的，但无论什么制度最终的目的都是为了形成一个有效的管理团队。在这方面有以下两点需要更加注重：一是制度的落实上，要么不下发制度，要么下发就一定要去执行。如果制度成为一纸空文，不是因为制度不适用，就是因为项目的组织体系发生了问题。比如出现质量问题，一定说明组织体系未正常运转，如果三检制度履行了，即使想发生质量问题也不是那么容易的。二是制度的合理性上，在考虑到满足工程目标的前提下，制度越简单易行越好。并且由于制度执行对象是人，为提高制度执行的有效性，制定制度时须考虑人性的特点。

（四）项目管理的约束性

工程项目的约束性主要体现在对任务的分配和检查、合同的签订和执行、各种规范与制度的贯彻落实，以及在实施中的跟踪。项目管理的约束性要求必须对执行力进行检查，没有按时完成的任务一定不能因为是主观原因，领导安排的任务、安排的计划一定要不折不扣地完成；有些任务虽然有一定难度，但只要合理组织、齐抓共管，还是具备完成条件的；对于屡次不能完成任务或任务未达标的部门及个人要有相应的处罚制度来约束，严肃工作纪律，堵塞管理漏洞，充分调动大家的积极性和责任心。

（五）项目管理人员配置的重要性

项目管理无论采用多么科学的方法、先进的技术和高级的设备，最终都要通过人来实现，所以归根到底项目管理是对人的管理。项目管理机构多为临时组建，所以科学、合理的人员配置将直接决定项目团队的综合素质。在人员的配置上有以下注意事项：一是由于项目内容、施工阶段等不同，需要因地制宜地配置人员类型和数量；二是可以缺岗不可以缺责；三是人员要合理搭配，既要有经验丰富的，也要有干劲十足的；四是项目负责人的选择至关重要。

项目负责人是项目合同的管理者，全面负责项目实施的组织领导工作，项目经理要具备以下素质和能力：① 具有高尚的职业道德；② 具备一定的心理素质，碰到难题时处乱不惊，能够迅速地找到解决问题的办法；③ 具备承担项目管理任务所必需的专业技术、管理、经济、法律等知识；④ 具备管理能力，包括决策能力、领导能力、学习能力和组织协调能力；⑤ 具有项目管理的经验。

（六）项目管理的复杂性

项目管理的复杂性主要表现在以下四个方面：一是涉及的单位、人员复杂，各种关系的协调工作量大，这要求每个职能部门、每个管理人员都要做好与相关部门、单位人员的友好联系，以利于工作更好开展；二是工程技术的复杂性，涉及的施工内容丰富，需要采取不同的工艺、设备、材料，对技术管理人员有较高要求；三是受影响的因素复杂，资金、人员、物资设备、技术力量、天气、地方关系等都会对项目管理有大大小小的影响，这要求管理人员各司其职，去减少不利因素的影响；四是管理的内容复杂，包括进度管理、成本管理、质量技术管理、安全管理、成本管理、物资设备管理、财务管理、办公室管理等。

工程项目管理还具有目标性、科学性、创造性等特点，项目管理也有很多的方式，具体到每个项目实施的方式也不同，但最终都能殊途同归。在项目管理中最重要的因素就是人，成员的技术水平、职业操守尤其是项目领导班子的综合素质对项目的成败有决定性的作用，一支具有高度凝聚力的团队可以使项目立于不败之地。

每一个项目管理者都应有高度的工作热情和积极性，发挥自己的能力和长处，合理、科学、规范、有效、协调地工作，集思广益，认真吸取他人的长处及经验，严谨大胆地开拓新思路、新方法，从根本上提高项目管理水平，换取工程项目目标全面实现，从而提高竞争力，立足市场，创造效益。

二、工程项目管理的重点

（一）进度管理

（1）合理控制工期，使项目进度管理达到优化。

（2）通过总进度计划及控制实际进度与计划进度差异情况，从而进行纠偏，完善参建方进度计划的管理。

（3）除充分考虑时间控制外，同时还应考虑劳动力、材料施工机具设备等所必需的施工资源问题，使其最有效、合理、经济地配置和利用。

（4）通过计划、组织、协调、检查与调整等手段，调动施工活动中的一切积极因素，努力实现施工过程中各个阶段的进度目标，以确保工程建设全过程的总工期目标的实现。

（5）影响建设工程进度的因素很多，如工程技术、组织与协调、气候条件、人为因素、物资供应、地基情况等。如发生以上原因影响工程建设进度，应及时调整进度计划。

（二）质量管理

质量是工程建设的关键，任何一个环节或是部位出现问题，都会给工程的整体质量带来严重的后果，直接影响到工程的使用效益，造成一定的经济损失。因此，工程质量是企业的生命线。高质量的产品和服务是市场竞争的有效手段，是争取用户、占领市场和发展企业的根本保证。为确保建筑工程项目的质量满足要求，需要对建筑工程项目全过程实行全面质量控制，在企业质量管理体系基础上建立相应的质量体系。

1. 建立项目质量保证机构

项目质量保证机构设置的目的是进一步充分发挥项目管理功能，提高项目整体管理水平，以达到项目质量管理的最终目标。因此，建设单位在推行项目管理中合理设置项目质量保证体系是一个至关重要的问题，高效的组织体系和组织机构的建立是施工项目管理成功的组织保证。首先要做好组织准备，建立一个能完成管理任务且令项目负责人指挥灵便、运转自如、工作高效的组织机构。其目的就是提供进行施工项目管理的组织保证，一个好的组织机构，可以有效地完成施工项目管理目标，有效地应付各种环境的变化，形成组织力，使组织系统正常运转，完成项目管理任务。

2. 质量保证体系文件

根据所选定的质量保证模式、质量体系要素的分解及其真实程度、质量职能展开与落实等方面的具体情况，编制以质量保证手册为主的质量体系文件。质量体系文件由政策纲领性文件、管理性文件、执行性文件三部分组成。政策纲领性文件包括贯彻质量否决权的工程项目质量管理政策性措施、质量方针目标及管理规定、建设项目管理质量手册等；管理性文件包括项目管理方案、质量计划、建设项目质量管理点流程图及管理制度等；执行性文件包括工程洽商记录、检验试验记录、质量问题处理措施及各分项（分部）工程技术交底等。在建筑工程实际管理中，应掌握好质量体系文件的应用性、适用性、层次性。

3. 质量控制点的设置

质量控制点就是根据对重要的质量特性需要进行重点控制的要求，选择质量控制的重点部位、重点工序或薄弱环节作为质量控制的对象。设置质量控制点，是对质量进行预控的有力措施。在施工前应根据工程的特点，结合施工中各环节或部位的重要性、复杂性、质量标准和要求，精确全面地布控。操作、材料、机械设备、工序、技术参数、自然条件、工程环境等均可作为质量控制点来设置，主要是视其对质量特征影响的大小及危害程度而定。

（三）安全管理

国家先后颁布了《安全生产法》《建筑法》《消防法》《建筑工程安全生产管理条例》等法律法规，建设部也出台了《建设工程施工现场管理规定》《工程建设重大事故报告调查程序规定》等部门规章制度，但仍有相当数量的项目管理人员漠视国家法律法规，片面追求经济利益，弱化对安全生产的投入和管理，现场监督力度不够，从思想到行动都忽视安全生产这一基础性工作。

1. 加强项目安全管理体系建设

多数施工企业的项目安全管理，以前完全由专职安全员来实施。安全员与施工员分属不同的岗位，它们之间的本质联系被人为地隔断开来。旧的安全管理理念也造成了管理资源的严重浪费，如各参建单位都有项目技术负责人、各专业施工员、设备管理员等，他们都具有相关专业的安全管理知识和能力，也应有安全管理的职责和义务，但在目前的项目安全管理模式下，这些安全管理资源没有得到有效整合和充分利用。因此，转变项目安全管理的理念、改进项目安全管理体系模式是很有必要的。

2．加强现场安全教育

安全教育是安全管理工作中的重要一环，是项目安全管理系统的基础和起点，是增强人们安全意识、提高安全素质和顺利实现安全工作总体目标的前提和保障。管理人员安全意识的强弱和安全技能的高低影响着项目的整体安全工作。因此，除了组织管理人员参加安全生产的学习、培训、考核外，项目经理还应围绕施工现场的安全工作经常举办一些相关内容的专题讲座，邀请经验丰富的专业人员参加安全工作座谈，以强化各级管理人员对安全工作重要性的认识，提高大家的安全技能水平，保证安全工作在各领域的积极开展。

3．强化建设现场安全监督

现场安全监督要从严：① 严格执行规范，认真执行国家的安全生产法律法规和行业安全生产规定，坚决执行本企业、本项目的安全生产管理制度和措施，一丝不苟地完成本项目的安全任务和目标。② 严格遵守规程，操作规程是操作过程安全控制的根本法则，也是安全生产的重要环节，操作规程要做到牢记于心、固化于行，做到有必要的预控。现场安全管理要做到安全生产情况心中有数，安全运行状况有序可控，安全形势一目了然，把安全生产牢牢掌握在自己手中。③ 严格履行职责，从以往的事故隐患分析，事故是可以避免的，隐患也是可以排除的。然而，往往就是在安全管理过程中存在疏忽或者管理不到位、职责不清、责任不明甚至有职无责等情况，导致隐患和事故发生。现场安全管理，就是要紧盯作业现场，紧盯施工过程，对重要环节、重点人员、关键部位必须重视。

第三节　项目管理的动态控制

一、建设工程项目全过程管理与动态控制理论

全过程管理是建设工程项目中一项较为重要的思想，所谓全过程就是要考虑到建设项目的全寿命周期，主要包括了建设项目的策划、设计、施工、运营，以及最后的报废与回收等各阶段的管理。这一管理理念要统筹兼顾项目的全过程，在项目的策划阶段考虑到后期的施工运营，以最好的运营效果为目标进行整体的决策和计划，并通过施工阶段的工作将工程设计转化为现实。通过建设项目决策、设计、施工、运营等环节的充分结合，实现相关参与方之间的有效沟通和信息共享。动态控制则是全工程管理中较为重要的一种控制方式，通过 PDCA 循环指导建设全过程的管理与控制，具体从设计、实施、检查到纠偏等全方位的动态化管理，在全过程中通过实施的监控与检查，合理应对建设过程中出现的一些问题，保证项目目标的顺利实现。

二、建筑工程项目全过程动态控制的方法

（一）优化组织设计

合理的施工组织设计是指导施工的重要文件，良好的施工组织设计是施工全过程的开

端，应根据设计图纸以及相关文件的要求，对相关的人员、材料、机械，以及施工现场的布置、各工作之间的关系等进行合理的安排。编制好技术先进、工艺合理、组织精干的作业指导书，均衡好建筑工程项目，安排各个分项目的工程进度，组织好各工程班次有效地进行施工作业。

（二）合理的施工与检查措施

施工是对整个设计文件的实施过程，能够建设成为实体性的建筑产品。在实际施工过程中，应严格按照设计文件以及施工组织设计规定与要求，进行施工工作。在实施过程中，应尤其注重对里程碑事件以及相关重点工作的检查，通过合理的各重要节点的进度、成本的实际情况与计划完成情况之间的对比，找出存在的问题并通过相关的方式进行处理，从而保证施工总体目标的实现。在进行动态的检查时，应明确具体的检查点、检查的人员以及相关的职责等，以此辅助施工活动的完成以及检查的落实。

（三）及时采取纠偏措施对相关问题进行处理

建设项目的施工过程是一个周期长、涉及资源和人员众多且成本较大的工作，因此在这一活动过程中难免遇到实际情况与设计及计划不相符合的情况。这时就应对造成这一问题的原因进行分析，并采取相关的纠偏措施对问题进行处理。若是设计的问题则应及时与设计单位进行沟通，进行设计的变更，并做好相关文件的签订；若是施工组织设计本身的问题，则应组织相关人员对组织设计进行调整；若是施工过程中存在的问题，则应找出影响的关键节点，并通过相关的措施对问题进行处理，保证工程的顺利进行。

（四）建立健全全过程动态控制机制

全过程动态控制的实现，有赖于相关控制机制的制定。动态控制的实现需要对控制的要点进行选择，对相关检查与控制人员进行任命，同时对动态控制的流程进行制定与交底。全过程的动态控制必须考虑到建设项目的全寿命周期，因此在进行控制点的选择时必须要全面，不可有所遗漏。在决策阶段相关成本计划的制订、建设总体方案的选择以及建设环境的风险，设计阶段相关材料与构配件的选择、建筑结构的选型、各通风与采光条件的配备，施工过程中各里程碑事件的控制、重点关键结构与部位的检查，运营阶段各设备设施的检查与维护等，都是动态控制中的关键控制点。对于控制的人员，则应进行明确的分工，保证各层管理人员及操作人员都明确自己的职责，以及全过程动态控制的关键点。

（五）加强各层人员的培训与配置

全过程管理中的动态控制需要有专业的人才来对这一制度与方法予以实施和推进，从管理人员到操作人员都必须明确动态控制的关键节点与要点及基本的控制流程。通过定期的管理与操作人员的培训，让管理人员提高自身管理水平，合理进行控制点的选取，并在出现问题时采取恰当的纠偏措施。而对于操作人员，则需要对其基本的业务水平进行培训，保证其了解动态控制的方法，做好动态控制交底工作，使他们明确工作的要点，以便实时检查和纠正。

第二章

可持续建设与建设工程项目的
目标及控制

任何项目都必须有明确的目标，项目管理的核心任务就是项目的目标控制。建设工程项目的目标，是以业主的投资目标为核心的目标体系，其目标的确定与控制，与项目的特点和相应的约束条件有关，包括环境、资源条件的约束和人为的约束，其中质量（工作标准）、进度、费用是各类项目普遍存在的三个主要的约束条件，而人类面临的可持续发展问题，已经使环境、资源条件的约束成为项目立项和实施的先决条件。为此，本章将在可持续发展观指导下，首先，论述可持续建设的思想、内涵，形成建设工程项目的科学发展观，并且通过实现可持续建设的过程分析，建立其与建设工程项目目标确定与控制的内在联系；其次，分别从业主方、设计方和施工方的角度，详细论述建设工程项目的目标，以及目标控制的方法和手段。

第一节　可持续建设

一、可持续发展与可持续建设的内涵

可持续发展思想的产生，可追溯到古代。《逸周书·大聚篇》记有大禹的话，"春三月，山林不登斧，以成草木之长；夏三月，川泽不入网罟，以成鱼鳖之长"。荀子说过，"斩伐养长不失其时，故山林不童，而百姓有余材也"。《吕氏春秋》则有"竭泽而渔，岂不获得？而明年无鱼；焚薮而田，岂不获得？而明年无兽"。此外据记载，清朝的乾隆皇帝曾下旨令煤烟大气污染严重的玻璃厂迁出京城，其中直接涉及工程建设的可持续发展问题。

近代西方可持续发展的思想，出自马尔萨斯的《人口原理》和达尔文的《物种起源》，而可持续发展的概念则出现在 20 世纪的下半叶，是在人类面临人口、资源、环境问题的严峻形势下产生的。20 世纪 40 年代以后，西方国家在大规模发展经济、加快工业化进程中，形成了以物质财富增长为核心、以经济增长为唯一目标的传统发展观，认为经济增长必然会带来社会财富的增加，而社会财富的无限增加能解决贫困和人类面临的各种问题。在传统发展观的指导下，人们热烈追逐经济的高速增长，"竭泽而渔""覆巢毁卵"，其发展行为和发展方式是粗放的和无约束的。然而，仅仅经过十几年的经济增长，在 20 世纪 60 年代，传统发展观的弊端就全面暴露了出来，无论是发达国家还是发展中国家，伴随着经济增长的都是森林损毁、河流及大气污染、资源枯竭、农田沙化及城市生活质量下降等问题。面对现实，人类发现自己赖以生存的地球资源是有限的，环境的容量和自净能力或承载力也是有限的，传统发展观是行不通的。于是，联合国 1972 年在斯德哥尔摩召开了由 114 个国家首脑参加的人类环境会议，发表了《人类环境宣言》，明确提出了可持续发展的思想，即"为了当代人和后代人，保护和改善人类环境已成为人类紧迫的目标，它必须与世界经济与发展这个目标同步协调地实现"。此后，联合国环境与发展委员会还发表了《我们共同的未来》，对可持续发展给出了明确的定义，即：可持续发展是"既能满足当代人的需求，又不对后代人满足需求的能力构成危害的发展"。

如今，可持续发展的思想已经成为全球的共识和世界各国政府与公众关注的热点问题，各行各业的专家、学者经过不断的研究，又进一步提出了一系列关于可持续发展的新概念、新议题，如可持续的经济、可持续的社会、可持续的工业、可持续的农业、可持续的生物圈、可持续的生态系统以及"绿色工业""绿色经济""绿色革命""绿色建筑""生态工程"和可持续建设等。其中，绿色建筑、生态工程应当是可持续建设的结果，它们之间并无本质上的区别。可持续建设对于可持续发展的实现具有极为重要的意义，这主要是因为：人类生活、工作以及各行各业生产活动所需要的设施，都是由建设活动提供的，工程建设过程是直接在大自然和脆弱、敏感的地理生态环境中进行的，并且要花费大量的资金，耗费大量的资源，其最终成果（建筑产品）特别是大型公共基础设施项目的建成，往往可为几代人服务，对可持续发展的影响是巨大的、深远的。

可持续建设与可持续发展的思想是一致的，就是用可持续发展的思想来策划、设计、建造既能满足当代人的需求，又不危及后代人满足需求的能力的工程项目。这个定义包括两层意思：一是工程项目的建设过程和建设行为在可持续发展思想的指导下进行；二是最终的建设结果或交付的成果是可持续性的。基于上述认识，可持续建设的内涵应包括以下几点。

（一）工程建设与生态环境具有相容性

可持续建设的生态环境相容性，是指所实施的建设工程项目利用或消耗的生态环境资源和所排放的污染物，要控制在生态环境承载力许可的范围之内。

可持续发展的资源观认为，生态环境资源包括构成生态环境要素的生态物质资源和生态环境状态资源。生态物质资源包括空气、水、太阳能、生物、矿物、土地、森林等，既有可再生的，又有不可再生的。生态环境状态是指生态环境的各个组成部分和构成要素之间以特定方式联系在一起的状态，它体现生态环境系统的整体性功能并影响生态物质资源的可持续性。与生态环境资源的消耗相对应，生态环境的承载能力是指生态环境在一定区域内维持某种资源数量不致减少的能力，包括面对特定污染的自净化能力、可再生资源的再生能力以及不可再生资源更新（替代资源）数量的能力，它是自然规律以及自然规律与科学技术共同决定的生态环境的系统功能。

由于生态环境资源和承载能力是有限的（即使是可再生资源，也会因生态环境状态的变化而减少或发生质变），而工程建设过程以及运营阶段要耗费大量的生态环境资源，并且会排放大量的污染物和废弃物，直接影响甚至会破坏生态环境状态，从而产生与生态环境的不相容。因此，必须采取有效措施，使得工程建设过程及工程项目寿命周期内的污染物、废弃物排放达到或低于控制标准，对可再生资源的利用不影响或不超过资源的再生能力，对不可再生资源的利用不超过替代物产生的速率，从而尽量减轻工程建设给生态环境带来的承载压力，这既是可持续建设的指导思想，又是项目策划和设计等过程所遵循的原则，与传统建设是有本质区别的。

（二）工程技术具有清洁性

生态环境的相容性是可持续建设的标志，而工程技术的清洁性则是可持续建设的内涵，是实现与生态环境相容的保证。

工程技术的清洁性，是指工程项目本身所采用的工艺、技术、设备和工程项目建造过程采用的施工技术等，具有节能、减排（污染物）、低耗材、高效率的功能，满足清洁生产和清洁施工（或无公害施工）的要求，能够减少建设工程项目全寿命周期中的资源消耗量和污染物排放量，降低建设工程项目对人类和环境的负面影响。此外，从清洁生产的含义来看，可持续建设仅仅局限于节能、减排、低耗材（即通常所谓的"减量化"）是不够的，还应当尽可能对排放物、废弃物进行"再利用"，或者使其"资源化"，即变成同类经济活动或其他经济活动的资源。实践中，许多房屋建筑与设施已经开始利用循环水或中水，充分利用太阳能和越来越多的复合材料、再生材料及制品，这使得建设工程项目及其建造过程越来越清洁，与生态环境越来越相容。

（三）经济效果具有社会公平性

经济效果的社会公平性，是指建设工程项目的投入和产出必须同时满足以下几项要求。

（1）所实施的建设工程项目必须符合社会的需求，能增加社会财富和福利。

（2）项目本身的投资回报是在充分考虑了生态环境资源（包括物质资源和环境状态）的价值与成本的基础上取得的，即投资回报不是以破坏生态环境为代价的。

（3）项目建设充分考虑了经济发展、社会进步、生态环境演化的要求，项目本身的功能是可持续的，或者说项目可在足够长的寿命周期内服务社会并创造价值。

上述可持续建设所要满足的要求，体现了可持续建设的价值观和道德观，它与传统发展观有着本质上的区别。按照传统发展观，建设工程项目在经济上的合理性，主要是基于项目本身的投入产出或收支预算所计算的投资收益率、投资回收期等经济指标来权衡的，并没有考虑生态环境的全部价值与成本，其结果一方面是项目建设表面上促进了经济增长和物质财富的增加，但另一方面又让社会为生态环境的恶化而付出沉重的代价，不得不为治理环境而加倍地投入，或者不断地对已建成的高能耗（能源、资源）和高污染的工程项目进行关、停和拆除，造成生态环境资源的巨大浪费。可持续建设应能避免类似问题的发生，项目投入（投资）既考虑项目本身的需要，又考虑社会责任的需要（如对原材料的有效利用和节能、环保等方面的投入），项目的回报不以损害社会及公众利益为代价，是公平的。

此外，经济效果的社会公平性，还具有代际公平性的内涵。代际公平性体现的是可持续发展的道德观，可持续建设要求的代际公平性，是指建设工程项目的实施，不能危害后代人的生存基础和发展空间，不能以浪费和牺牲生态环境资源为代价增加当代人的财富和福利而损害后代人的生存权、发展权，或者危害他们满足需求的能力。可持续建设应能通过项目实施处理人类的代际（当代与后代）、代内关系，实现人类的代际公平与和谐发展。

综上所述，从可持续建设的内涵来看，工程建设面临着众多的可持续发展问题，按照可持续发展的资源观、价值观和道德观，处理好、解决好这些问题，既符合社会、经济可持续发展和环境保护的要求，也符合各建设工程业主或投资者本身的利益，同时也是其应承担的社会责任。正因为如此，可持续建设应成为工程建设的指导思想，贯彻于建设工程项目全寿命周期的各个阶段中，并且将对业主和各个建设参与方的具体目标和建设行为产生深远的影响。

二、可持续建设的实现

可持续建设并不只是一种时髦的词语和概念，它的实现需要强有力的技术、科研和资金的支持，是严谨科学和建设者创造力相结合的结果。

实践中，政府为了实现可持续发展的目标，制定了一系列与可持续建设有关的法律、法规，如《中华人民共和国环境保护法》《中华人民共和国环境影响评价法》《中华人民共和国节约能源法》《中华人民共和国循环经济促进法》《建设项目环境保护条例》《建设项目环境保护设计规定》《建设项目环境保护设施竣工验收规定》《民用建筑节能管理规定》等。这些法律法规对规范和约束非理性的建设行为、促进工程建设朝可持续建设的方向发展是十分重要的。然而必须看到，可持续建设的实践，是一个不断学习和总结的过程，并非所有的可持续建设问题与建设行为都能用法律法规来规范和约束，特别是涉及项目业主及各参与方的价值观、道德观、智慧和创造力时，情况就更是如此。

此外，由于项目业主方和各参与方在建设工程项目中处于不同的地位，扮演不同的角色，因此对可持续建设的实现也有不同的贡献。同时，在建设工程项目的策划阶段（决策期）、实施阶段（建设期）和运营阶段（使用期），也面临着不同的可持续建设问题，将这些问题与相关主体的职能对应起来，实现可持续建设的途径和关键因素就显而易见了。

（一）项目策划与业主投资理念

项目策划（投资策划）是项目成功的前提，不仅要研究项目建设的必要性、建设方案及其可行性、经济上的合理性，而且还要特别注意研究项目的可持续性，重视项目全寿命周期中可能对社会、经济发展和生态环境的影响以及环境因素的变化对项目本身发展的影响。

项目策划中许多重大问题的决策以及这些决策所依据的可行性研究报告的可靠性、项目环境影响评价报告的真实性、环境保护及"三废"（废气、废水、固体废物）治理措施的有效性等，对社会、经济、生态系统和项目本身的可持续发展至关重要，但要解决好这些问题总要多花费一些投资（最初投资），如何处理就取决于业主的投资理念。实践中，有些项目业主或投资者甚至公共机构，为了追求当前的经济增长、投资回报和单纯的经济利益，往往会在该领域弄虚作假，"节省"投资，其结果或者需要为治理污染而进行二次投资，或者因污染环境而使项目短命。与此相反，2008 年北京奥运会的体育场馆建设，贯彻绿色奥运理念，业主在选择设计方案的决策中，注重节能、环保和可再生资源的充分利用、循环利用，结果就建成了一批绿色建筑。例如，在奥运工程总建筑面积 199.7 万平方米中，有 50 多万平方米使用清洁能源，比例达到 26.9％，每年减少二氧化碳排放量达到 5.7 万吨；奥林匹克水上公园，采用了使用大型水循环处理系统的设计方案，实现了场馆污水的零排放等。此外，可持续建设的实现，还取决于项目业主或投资者在项目策划中对环境变化，特别是城市及区域经济发展等因素的考虑。

一般来说，项目业主掌握着工程建设各个阶段，特别是项目策划中重要问题的最终决策权，因此其对可持续建设的实现起着主导作用，而这种主导作用的发挥，就取决于他们的投资理念，包括可持续发展的资源观和可持续建设的价值观、道德观。

（二）项目设计与建筑师、工程师的创造力

在工程建设过程中，设计方的活动并不局限于项目实施阶段（建设期），而会在项目策划阶段提前介入，为项目业主提供设计方案或概念设计。当项目业主确定了可持续建设的思想时，设计方的设计方案只有突出生态设计（或可持续性设计）特征才能胜出。此外，设计方也常常会通过设计方案的生态特征去打动一般项目业主的心，赢得设计合同。

由于建设工程是在特定地点和特定环境中建造的具有特定功能的一次性项目，因此生态设计（或可持续性设计）的质量取决于建筑师、工程师的智慧和创造力。建筑师、工程师的生态设计理念、设计方案和设计质量等，对于可持续建设的实现起着关键的作用。例如：国家游泳馆"水立方"的设计方案，采用了双层膜结构，效果与温室类似，冬季阳光射入可以保证室温，夏季可通过双层结构引入通风系统有效地散热，实现了建筑造型与节能减排的巧妙结合；在青藏铁路建设过程中，为了保护生态环境，设计上局部采取了"以桥代路"的措施，位于可可西里国家自然保护区的清水河大桥，就是专门为藏羚羊等野生动物设计的迁徙通道，而在全长达 550 千米的冻土区内，设计上基于大量的科研成果，采用片石通风路基、通风管路基、碎石和片石护坡、热棒、保温板、综合防排水体系等措施，解决了一系列设计与施工的难题，使铁路建成后能持续、稳定地发挥其功能，并且不破坏冻土和生态环境。所有这些都表明，项目设计对可持续建设的实现是极为重要的。

（三）项目施工与生态环境保护

项目施工是实现可持续建设的重要保证，而施工方只有以清洁的施工生产过程提供优质的最终建筑产品，才能实现可持续建设的目标。

首先，施工方必须确保工程项目百分之百地按照设计标准和要求建成，使可持续性设计的成果变为现实，正常地投入使用。其次，施工过程中要按照规定使用环保性能好的材料，杜绝偷工减料、以次充好的问题发生，并且要尽可能地节能、减排，不破坏生态环境，做到文明生产、清洁施工。对此，建筑业企业已经做出了很大的努力。例如，日本建筑业企业在建设九州到四国的海上大桥时，为了保护生态系统与环境，水下爆破前要用声呐驱赶鱼群，施工中采用了海上移动厕所。中国的青藏铁路上位于长江源头的铁路大桥，全长 1389.6 米，桥址所在的沱沱河流域是青藏高原多年的冻土腹部的大河融区，施工中钻孔桩产生的泥浆，都要进行二次沉淀处理，保证流入大河中的是清水，铁路沿线施工中产生的废料、废渣，都要集中填入施工废弃的取土坑内并加以平整处理。在城市建设中，由于混凝土系列的商品化以及原材料、半成品的集中加工，可以使相关的施工废水、废渣的排放接近于零，而大型公共基础设施如城市地下管网、地铁和交通工程中长大隧道的施工等，已经广泛地使用了盾构工法和先进的成套设备，所有这些都使得建设工程项目的施工过程变得越来越清洁，越来越符合可持续建设的内涵与要求。

列举上述好的事例，并不是说施工过程已经不存在可持续建设方面的问题。

由于工程施工是直接在大自然中进行的，并且所使用的大宗材料也是直接从大自然中掘取的，因此对自然环境和生态系统的影响也是直接的、严重的。解决这些问题既需要施工企业树立可持续发展的资源观和可持续建设的价值观、道德观，又需要强有力的技术、科研和资金上的支持，包括关联产业（如建材业、制造业）技术进步的支持，特别是项目业主在选定施工承包人时对工程报价的理性决策。

（四）项目运营及其可持续功能的保全与改进

项目策划、设计和施工建造，总体上决定了建设工程项目的可持续性，但项目的可持续性要体现在运营过程中并在实践中得到验证。因此，项目运营过程中的合理使用、正常维护和针对其节能、环保功能进行不断的监测、改进等，同样是不可忽视的问题。对建筑物、构筑物和设施的合理使用与维护，可以预防安全事故的发生，减缓其老化，保持并最大限度地发挥其功能，而针对其节能、环保功能所进行的监测与改进，可弥补项目策划、设计过程中的不足或缺陷，利用新技术来增强其功能和可持续发展的能力。在建设工程项目完全结束之前，上述各项工作，特别是环境保护监测工作，是不可松懈的。

此外，由于建设工程项目特别是房屋建筑形体庞大，最终报废拆除时会产生大量的废弃物和建筑垃圾，需要集中填埋或妥善处理，但不管怎样都会影响生态环境状态和生态环境承载力，这是个非常值得关注的问题。近年来，随着科学技术的进步和可持续发展思想、科学发展观逐步深入人心，对建筑废弃物和建筑垃圾再利用的研究已在积极地推进，一旦取得突破，将进一步丰富可持续建设的内涵并对人类的可持续发展作出新的贡献。

第二节　建设工程项目的目标

建设工程项目通常需要花费巨额投资，无论业主是个人、企业还是公共机构，其投资都是受市场需求、社会需求驱动的，因而必须能够满足特定的目标，即所建成的工程项目能满足人们生产、生活或工作的特定需要并且能给投资者带来回报。然而，建设工程项目除业主方以外，在规划、设计、建造和运营过程中有众多的参与者或利益相关者，尽管他们为了自身的利益都希望项目成功，但并非所有的参与者或利益相关者都对项目成功的具体含义有着一致的认识和预期。例如，项目业主通常希望工程质量好、工期短，并且能尽可能少投资；而设计方往往会根据业主方支付设计费用的情况来决定自己在该项目设计中的投入；施工方则比较重视合同条件的公正性并且希望工程施工能优质优价等。因此，工程项目要想取得成功，必须对业主方和各参与方的目标进行整合，并且这种整合要有一个前提，那就是参与项目的各方都应当首先关注业主的利益，因为说到底毕竟是业主投资并掌握项目大局，如果业主利益得不到保障或不能实现投资目标，项目就不可能成立并加以实施。当然，业主方的利益应是项目整体的利益，其中也应包含设计方、施工方等项目参与方的利益。项目不可能在危害参与方利益的情况下取得成功或圆满成功。

一、业主方的目标

建设工程项目业主方的目标主要包括投资目标、进度目标和质量目标等。投资目标是指建设工程项目业主期望以一定的投资获得特定建设结果或可交付的成果的预期，包括要花费多少投资，要建成什么样的工程或获得什么样的建筑产品，它们具有何种价值及使用价值，能给投资者或公众带来什么样的利益。例如：总投资5000万英镑的诺丁汉大学朱比丽分校，业主方的意图是将这一新校园塑造成为英国中部的一个可持续建设的范例，可供2500名学生使用；总投资近2000亿元的长江三峡工程，建成后不仅能有效地调节长江的水力资源，消除或减轻中下游的水患，而且能充分利用可再生水力资源发电，像川流不息的江水那样为国民经济的发展提供清洁能源并创造几乎是永不枯竭的财富来源；总投资260多亿元的青藏铁路工程，是西部大开发的标志性工程，对加快西部特别是青藏两省的经济和社会发展，以及增进民族团结、造福各族人民具有重大意义；而总投资近35亿元的建筑面积达25.8万平方米的国家体育场（鸟巢）建设工程，则是一项新世纪的标志性工程，不仅为2008年北京奥运会提供了主场地，而且利用高科技手段实现了绿色奥运、科技奥运和人文奥运的三大理念，同时也为奥运会后的开发利用奠定了基础，成为观光旅游、群众性体育活动及享受体育娱乐的专业场所。

投资目标是建设工程项目业主行为的出发点和归宿，不过它与建设工程项目的性质以及一定的社会经济环境有关。

19世纪初期以前，建设工程面临很简单的施工工艺和种类很少的建筑材料，建筑师同时也是总营造师，负责工程设计、采购材料、雇用工匠并组织管理工程施工，有些建筑师仅在一项工程中就投入了毕生的精力，而业主也往往对投资的有形回收不感兴趣，工程甚至可能就是为其本人树碑立传，如金字塔、凡尔赛宫等就是如此。

随着工业的发展，社会对商业用建筑的需求不断增加，投资者们开始将新建工程视为增加收入的手段，并且他们不可能等待一生才回收资金，于是，投资回报及回报的时间就成为项目业主关注的焦点。不过，项目业主究竟能否获得预期的回报，除了投资额度及其所带来的最终结果外，还要看项目建设的进度和质量状况到底如何，因为不管建设工程的类别、规模、结构复杂程度和专业构成上存在何等差异，其共同点都是项目必须按预算限额在规定的时间内高质量地建成，投资回报才能达到预期的效果。

进度目标是指项目动用的时间目标或项目交付使用的时间目标，如工厂建成投入生产的时间、道路建成通车的时间、旅馆建成开业的时间以及住宅交工用户可以入住的时间等。

进度目标对业主实现投资目标具有至关重要的意义，这主要是因为它决定了业主取得投资回报的时间并直接影响投资绩效。例如，工厂只有在建成投产后才能有产品的销售收入；商品房只有交付用户使用才能收回投资并获得盈利（对预售房屋而言是收回尾款）。实践中，一个建设工程项目延期竣工，对投资人或项目业主来说，可能会遇到两种灾难性的后果：一是可能错过了良好的市场机会，在销售量和价格上处于不利地位；二是一项工程按时竣工和延期竣工，对投资者来说可能意味着两种不同的投入产出，特别在通货膨胀和经济衰退时期问题就更为突出。由于各项费用（如工资、材料费和资金成本等）往往持续以惊人的速度上升，工期延误就意味着成本增加、投资回收期延长或投资收益率降低，从而给业主造成额外的经济负担和损失。此外，有些工程项目如国家体育场（鸟巢）等，如果不能按期完工，其政治影响是无法承受的。正因为如此，项目业主一般都把进度目标作为实现投资目标的保证而倍加重视，并且为了确保项目动用或交付使用的时间目标，通常还要对项目实施过程中的里程碑事件，如设计进度及房屋建筑施工中的土方工程、基础工程、主体结构工程、安装工程和装修工程的进度等，做出明确的规定，严格加以控制。

与进度目标不同的是，建设工程项目业主方的质量目标，是业主基于拟建工程的产品定位（外观、功能、结构安全等）而对工程设计质量、施工质量、材料质量、设备及安装质量等所做的规定或提出的要求，这些规定和要求通常与一定的技术标准和技术规范相联系，直接影响工程项目的结构安全和使用功能。质量好的工程，不但坚固、耐用、美观、舒适，而且使用和维护的成本低。

然而，工程项目的质量目标与投资目标和进度目标之间是对立统一的关系，既有统一的一面，又有矛盾的一面。例如，要提高质量往往需要增加投资，过度地缩短工期也会影响质量目标的实现，而如果质量不好，就会返工修补和增加使用维护成本，既影响或延长正常工期，又影响和增加工程建造成本和总投资。但是，如果业主决策得当并进行有效的管理，就能处理好投资目标、进度目标和质量目标之间的关系，在不增加投资的情况下，也可提高质量、缩短工期。当然，如果项目业主在决策时能从项目可持续发展和全寿命周期的绩效来考虑问题，追求项目全寿命周期总费用（最初投资和使用维护费用）最低而不是只考虑最初投资，那么他就能更好地处理投资目标、进度目标和质量目标之间的关系，因为建设工程项目如果不能满足功能（包括节能、环保等）上的要求或运营成本（维持费用）很高，那么他在最初投资上或建造过程（阶段）中省一点钱就是不值得的。

投资目标、进度目标和质量目标，是建设工程项目业主方的基本目标，实现这些目标还要有一个重要条件，那就是整个建设过程必须是安全的。监督和确保工程建设过程的人身安全、财产安全和环境安全，既是业主方的社会责任，又事关业主方的切身利益。重大的安全事故不仅会造成生命财产的损失，还会直接影响建设目标的实现。除此之外，随着经济发展、社会进步，现代建设工程项目越来越重视环境问题，强调环境保护和环境质量。环境的内涵十分广泛，包括社会环境、经济环境、市场环境和自然环境等，既与项目业主方的切身利益有关，又与其应承担的社会义务和责任有关，甚至会成为项目成功与否的关键。例如：环境质量好，会有利于项目的实施和运营；环境特别是自然环境好的商品房能卖上好价钱；危害公众安全、有可能污染环境的项目会面临无休止的投诉、处罚、停缓建甚至夭折，使项目业主或投资者遭受重大的经济损失。

建设工程项目业主方的目标是在投资决策过程中形成的，是政府审批建设工程项目的重要依据，而这些目标要通过业主方的项目管理和项目实施中的设计、施工等参与方的努力来实现。

二、设计方的目标

设计方作为项目建设的一个参与方，其主要任务是根据项目业主的投资决策和要求，如设计任务书和相关的设计资料以及相关的工程技术标准与规范等，编制设计文件、设计绘制建设蓝图，并且在项目建设全过程中向业主和施工等参与方提供设计服务，参与重大的技术问题、质量问题的处理，并有权监督施工方按图施工。设计方的工作对项目投资目标能否实现具有至关重要的意义，同时，它本身也有自己独立的经济利益和应承担的法律责任。在工程建设中，设计方的工作目标如下。

（一）价值工程目标

即实行投资限额设计，确保所设计的工程能按照业主规定的投资限额建成，并且尽可能采用新技术、新材料，确保工程项目能以最低的建造成本实现业主投资目标要求的使用功能。

（二）设计质量目标

设计质量目标可分为直接效用质量目标和间接效用质量目标，这两种目标在建设工程项目中都是设计质量的体现。直接效用质量目标是指设计依据充分可靠，参数计算准确无误，设计符合规范要求，满足业主的使用功能，达到规定的设计深度，便于工程施工、安装（具有可建造性）和维修。间接效用质量目标的表现形式为设计新颖，功能与形象统一，适用、经济，环境协调，使用安全等。直接效用质量目标和间接效用质量目标及其表现形式，共同构成了设计质量的目标体系。

（三）设计进度目标

设计进度目标是指设计方提交设计成果（包括阶段成果和最终成果）的时间目标，或者说是设计方出图的时间目标。

一般工程项目的设计，通常要经历初步设计和施工图设计两个阶段，而规模大、专业技术构成复杂的建设工程项目，则要进行初步设计、扩大初步设计（技术设计）和施工图设计，即进行三阶段设计。每个设计阶段均要提供阶段设计成果，初步设计中的设计方案，凝聚着建筑师、工程师的创意，对业主方的投资目标具有影响力，但只有施工图设计可直接指导施工，故称之为最终设计成果。此外，即使在同一个设计阶段中，也可以有阶段性设计成果，如施工图设计阶段中的基础工程设计、主体结构设计、机电安装工程设计和装饰工程设计等。不过这些分段提交的施工图均属最终设计成果，当业主选用专业服务型（项目管理型）或设计施工一体化承包型项目运作方式时，利用上述分段提交的施工图可边设计边施工，从而有效地缩短工期，早日实现投资目标。由此可见，设计工作本身的需要和业主方的建设需求，以及所采用的项目运作方式，使得设计进度目标的内涵是多种多样的。

设计进度目标服从于建设工程项目业主方的总进度目标，但实践中却往往因业主方的原因而拖延，其原因包括：当业主方不能提出确切的设计资料和设计要求时，设计方往往会将设计投入保持在最低水平；有些业主对投资项目缺乏相关知识、经验和能力，不能有效地配合设计工作，或者对设计要求朝令夕改，令设计方无所适从，增加了设计工作量等。当然，也不能排除设计方自身的原因。例如，设计方内部管理混乱，对各专业的设计工作协调不力；设计人员不熟悉施工过程，设计变更多等。解决上述问题需要业主方和设计方共同努力，而缺乏经验的业主方，应当聘请和利用工程咨询机构来弥补自己的不足。

（四）设计成本目标

设计成本是设计方在设计工作中的投入或为了完成设计任务所必需的花费，如必要的现场勘察（或补充勘察）费，调查、试验研究费，设计业务费，人员工资及管理费等。由于设计服务没有规定的收费标准，并且业主方往往会尽力压低设计费，设计方必须有适当的设计成本目标和相应的成本控制措施，否则就不能确保自身的经济利益。但是，正如建设工程项目的投资、进度、质量目标之间的对立统一关系一样，设计成本目标的确定，也必须在不影响设计质量和设计进度的前提下才有意义，为了节省费用而不适当地减少了必要的试验研究活动或其他业务活动，其结果往往适得其反。

上述设计方的各项目标中，价值工程目标和设计质量目标是最能体现设计方能力和业务水平的目标，也是关系到项目业主核心利益的目标。由于工程设计对项目成功与否起着关键性的作用，实践中业主方往往利用设计竞赛的方式获取理想的设计方案并选择设计单位。例如，中国国家体育场的设计方案，就是面向全球招标的，并经历了全球征集方案、专家评审、公开征求社会意见等一系列过程。

三、施工方的目标

施工方作为项目建设的参与方，其主要任务是按照与项目业主签订的合同，建造并向业主提交最终建筑产品。为了确保项目业主的利益（目标）和自身的利益，施工方在项目建造过程中要达到以下目标。

（一）进度目标

即按照合同约定完成全部施工任务、达到竣工验收合格的时间目标，通常称之为工期。工期是确保业主动用该项目时间目标的关键。如前文所述，为了确保工期不延误，项目业主与施工方常常以施工阶段的里程碑事件分段设定时间目标，如开工时间、土方及基础完工时间、主体结构完工时间（建筑物封顶时间）、土建完工交给协作单位开始安装的时间，以及装修工程、室外工程完工的时间等。由于建设工程项目的施工工期除了受到如工程规模、结构类型、专业技术构成及复杂程度等内在因素的影响外，还要受季节、气象、气候、工程地质条件、施工场地与环境、材料设备供应方式，以及各种协作关系等外在因素的影响，因此进度目标的确定与实现，都是十分复杂而艰巨的任务，实践中通常是由业主方在项目招标时参照工期定额提出要求并作为合同条件写入招标文件，而施工方则根据类似工程的施工经验和针对该项目拟定的施工方案对进度目标做出承诺，中标后正式签约时由双方确认并写入合同，对双方均有法律效力。

（二）质量目标

建设工程的质量标准，是在规划（投资决策阶段）和设计阶段就决定了的。施工方的质量目标，是确保工程施工质量或建造质量满足或达到设计要求，符合相关的规范、标准。达到设计要求是前提，而按照符合相关规范、标准（如施工及验收规范）的程度可分为合格与优良两个等级。建筑工程不能有不合格产品，任何工程项目都是一次性的，不可能像工业生产那样有废品率。施工质量一旦发生缺陷，小则需要返工修补，引起成本增加、工期延误；大则可能造成无法挽回的损失，永久性地影响建筑物或设施的外观、功能、使用安全，甚至危及人的生命财产安全。因此，施工方无论是从业主方或社会公众的利益考虑，还是从自身利益考虑，都必须十分重视施工质量问题，要有明确的质量目标和不断提高施工质量的意识。

（三）成本目标

建设工程项目施工方的成本，由人工费、材料费、机械设备使用费、措施费和间接费组成。所谓成本目标，就是指施工方履行与业主签订的承包合同、采用经过优化的施工方案并在确保施工进度与质量的条件下必须花费的最低成本。实际上，在规范化的市场环境中，这个必须花费的最低成本是在投标报价时就确定了的，并且还是施工方企业报价竞争的基础，一旦中标签约，是不可能随意改变的。除非合同中另有约定，业主方不会因为施工方的成本上升而追加建设投资，而施工方的实际成本超支（超过成本目标）意味着它将面临利润减少甚至亏损的结局。因此，为了严格按照成本目标控制成本，施工方必须制订成本计划，将成本目标层层分解到各个施工作业活动单元（如钢筋混凝土工程中的模板制作安装、钢筋加工绑扎、混凝土浇筑等），使成本目标落到实处。这样，成本目标就不只是一个总目标，而是由总目标、细分目标构成的目标体系。

如同业主方的投资目标、进度目标和质量目标之间存在对立统一的关系一样，施工方的成本、进度和质量目标之间也存在对立统一的关系。实践中，业主方经常利用市场竞争压低施工方的报价，或者施工方为了中标而将成本估计得很低，其结果实际上对双方都是不利的。因为施工方不可能无偿（无利）提供工程服务，无利可图时就会产生短期行为，如偷工减料、拖延进度、减少安全措施费用投入、压低工人工资和福利等，其结果不仅对施工方不利，也会危害业主方的利益，甚至给工程留下永久性的隐患。

（四）安全目标

由于建筑产品及其生产过程的技术经济特点的影响，施工过程具有流动性（劳动对象固定，劳动者和机械设备移动）以及露天作业、高空作业、立体交叉作业等问题。物的不安全状态、人的不安全行为，经常会引起严重的安全事故，造成施工现场内外人员和社会公众的生命财产损失。施工方一旦发生重大的安全事故，不但经济上难以承受，而且还会受到各种严厉的行政处罚，甚至当事人（责任者）还得面临法律制裁。因此，施工安全第一越来越成为行业内的共识，而在工程施工中，应当有明确的安全目标。施工方的安全目标就是通过对员工进行安全教育培训和加强施工过程的安全措施投入，以及严格的安全管理制度，消除各种安全隐患、杜绝重大的安全事故、预防安全事故的发生。在许多国家，有重大安全事故经历的建筑公司，投标时会处于不利的地位，甚至会被业主拒之门外。在国内工程建设中，业主方和监理方均有权制止施工方违章作业和不安全的行为，政府也在不断加大对安全事故责任人的处罚力度。能否确保施工安全，已经成为施工方项目管理的头等大事。

综上所述，施工方作为建设工程项目实施的参与方，在项目建设中扮演着重要角色。施工方的项目管理主要服务于项目的整体利益和施工方本身的利益，它的各项目标也具有双重意义。不过，施工方各项目标的实现，有时候并不完全取决于它自身的努力，往往还与业主方的项目运作方式有关。例如，有些项目采用代建制或委托专业的项目管理公司进行管理，施工方可能是多家施工单位的群体，施工总进度目标和总进度计划将由代建单位或项目管理公司掌控；有些项目业主方自己采购并供应主要材料，可能对施工方进度目标、质量目标产生不同的影响等。但是尽管如此，施工方包括施工方群体中的个体主要都是基于进度、质量、成本、安全等目标开展工作的。

第三节 建设工程项目目标的控制

如前所述，任何项目都应该有明确的目标。项目不同，其目标也不同；不同的参与单位，其各自的项目管理目标也不相同。但不论何种项目、什么参与单位，其项目管理的原理、方法和手段都是一致的。

一、目标控制的基本原理

（一）动态控制原理

应用于项目目标控制的众多方法论中，动态控制原理是最基本的方法论之一。项目目标动态控制遵循控制循环理论，是一个动态循环过程。

具体来说，建设项目目标动态控制的工作步骤如下。

第一步，项目目标动态控制的准备工作。将项目的目标（如投资/成本、进度和质量目标）进行分解，以确定用于目标控制的计划值（如计划投资/成本、计划进度和质量标准等）。

第二步，在项目实施过程中（如设计过程中、招投标过程中和施工过程中等）对项目目标进行动态跟踪和控制。收集项目目标的实际值，如实际投资/成本、实际施工进度和施工的质量状况等；定期（如每两周或每月）进行项目目标的计划值和实际值的比较，如有偏差，则采取纠偏措施进行纠偏。

第三步，如有必要（即原定的项目目标不合理，或原定的项目目标无法实现），进行项目目标的调整，目标调整后控制过程再回到上述的第一步。

项目目标动态控制中的三大要素是目标计划值、目标实际值和纠偏措施。目标计划值是目标控制的依据和目的；目标实际值是进行目标控制的基础；纠偏措施是实现目标的途径。

目标控制过程中的关键一环，是通过目标计划值和实际值的比较分析，以发现偏差，即项目实施过程中项目目标的偏离趋势和大小。这种比较是动态的、多层次的。同时，目标的计划值与实际值是相对的。例如，投资控制是在决策阶段、设计阶段和施工阶段等不同阶段内及不同阶段之间进行的，初步设计概算相对于可行性研究报告中的投资估算是"实际值"，而相对于施工图预算是"计划值"。

由于在项目目标动态控制时要进行大量数据的处理，当项目的规模比较大时，数据处理的量就相当可观。采用计算机辅助的手段可高效、及时而准确地生成许多项目目标动态控制所需要的报表，如计划成本与实际成本的比较报表、计划进度与实际进度的比较报表等，将有助于项目目标动态控制的数据处理。

（二）主动控制与被动控制

控制有两种类型，即被动控制和主动控制。

被动控制是指当系统按计划运行时，管理人员对计划值的实施进行跟踪，将系统输出的信息进行加工和整理，再传递给控制部门，使控制人员从中发现问题，找出偏差，寻求并确定解决问题和纠正偏差的方案，然后再回送给计划实施系统付诸实施，使得计划目标一旦出现偏离就能得以纠正。被动控制是一种反馈控制。按照前面所述的动态控制原理所进行的控制循环就是被动控制。

主动控制就是预先分析目标偏离的可能性，并拟定和采取各项预防性措施，以使计划目标得以实现。主动控制是一种面向未来的控制，它可以解决传统控制过程中存在的时滞影响，尽最大可能改变偏差已经成为事实的被动局面，从而使控制更为有效。主动控制是一种前馈控制。当控制者根据已掌握的可靠信息预测出系统的输出将要偏离计划目标时，就制定纠正措施并向系统输入，从而使系统的运行不发生偏离。主动控制又是一种事前控制，它在偏差发生之前就采取控制措施。

（三）PDCA循环原理

美国数理统计学家戴明博士最早提出的PDCA循环原理（又称为"戴明环"）也是被广泛采用的目标控制基本方法论之一。PDCA循环是能使任何一项活动有效进行的一种合乎逻辑的工作程序，特别是在质量管理中得到了广泛的应用。

PDCA循环包括计划、执行、检查和处置四个基本环节。

（1）P（Plan，计划）。计划可以理解为明确目标并制订实现目标的行动方案。

（2）D（Do，执行）。执行就是具体运作，实现计划中的内容。执行包含两个环节，即计划行动方案的交底和按计划规定的方法与要求展开活动。

（3）C（Check，检查）。检查指对计划实施过程进行各类检查。检查包含两个方面：一是检查是否严格执行了计划的行动方案，实际条件是否发生了变化，没按计划执行的原因；二是检查计划执行的结果。

（4）A（Action，处置）。处置指对于检查中所发现的问题，及时进行原因分析，采取必要的措施予以纠正，保持目标处于受控状态。处置分为纠偏处置和预防处置两个步骤，前者是采取应急措施，解决已发生的或当前的问题或缺陷；后者是信息反馈管理部门，反思问题症结或计划时的不周之处，为今后类似问题的预防提供借鉴。对于处置环节中没有解决的问题，应交给下一个PDCA循环去解决。

计划—执行—检查—处置是使用资源将输入转化为输出的活动或一组活动的一个过程，必须形成闭环管理，四个环节缺一不可。应当指出，PDCA循环中的处置是关键环节。如果没有此环节，既无法巩固已取得的成果（防止问题再发生），也提不出上一个PDCA循环的遗留问题或新的问题。PDCA循环过程是循环前进、阶梯上升的。

在质量管理体系中，PDCA循环是一个动态的循环，它可以在组织的每一个过程中展开，也可以在整个过程的系统中展开。它与产品实现过程及质量管理体系其他过程的策划、实施、控制和持续改进有着密切的关系。

二、投资控制的方法

（一）动态控制原理在项目投资控制中的应用

在项目决策阶段完成项目前期策划和可行性研究过程中，应编制投资估算；在设计阶段，项目投资目标进一步具体化，应编制初步设计概算、初步设计修正概算（视需要）和施工图预算；在招投标和施工阶段，应编制和生成施工合同价、工程结算价和竣工决算。

为了进行投资目标论证和有效的投资控制，需要对建设项目投资目标进行分解。投资目标分解的方式有多种，包括按建筑安装工程费用项目组成划分，按年度、季度和月划分，按项目实施阶段划分，按项目结构组成划分等。经过分解形成的投资子项要适应于不同阶段投资数据的比较。

投资控制工作必须贯穿在项目建设全过程和面向整个项目。各阶段的投资控制以及各子项目的投资控制作为项目投资控制子系统，相互连接和嵌套，共同组成项目投资控制系统。从项目实施各阶段投资目标计划值和实际值比较的主要关系中，也可以看出各阶段投资控制子系统的相互关系。

1. 设计阶段投资目标计划值和实际值的比较

在设计阶段，投资目标计划值和实际值的比较主要包括：

（1）初步设计概算和投资估算的比较。

（2）初步设计修正概算和设计概算的比较。

（3）施工图预算和初步设计概算的比较。

2. 施工阶段投资目标计划值和实际值的比较

在施工阶段，投资目标计划值和实际值的比较主要包括：

（1）施工合同价和初步设计概算的比较。

（2）招标标底和初步设计概算的比较。

（3）施工合同价和招标标底的比较。

（4）工程结算价和施工合同价的比较。

（5）工程结算价和资金使用计划（月/季/年或资金切块）的比较。

（6）资金使用计划（月/季/年或资金切块）和初步设计概算的比较。

（7）工程竣工决算价和初步设计概算的比较。

从上面的比较关系可以看出，投资目标的计划值与实际值是相对的，如施工合同价相对于初步设计概算是实际值，而相对于工程结算价是计划值。

投资计划值和实际值的比较，应是定量的数据比较，并应注意两者内容的一致性，比较的成果是投资跟踪和控制报告。投资计划值的切块、实际投资数据的收集以及投资计划值和实际值的比较，数据处理工作量往往很大，应运用专业投资控制软件进行辅助处理。

经过投资计划值和实际值的比较，如发现偏差，则应积极采取措施，纠正偏差或者调整目标计划值。需要指出的是，投资控制绝对不是单纯的经济工作，也不仅仅是财务部门的事，它涉及组织、管理、经济、技术和合同各方面。

3．工程投资动态控制工作

为实现工程投资动态控制，项目管理人员的工作主要包括以下内容：

（1）确定建设项目投资分解体系，进行投资切块。

（2）确定投资切块的计划值（目标值）。

（3）采集、汇总和分析对应投资切块的实际值。

（4）进行投资目标计划值和实际值的比较。

（5）如发现偏差，采取纠偏措施或调整目标计划值。

（6）编制相关投资控制报告。

（二）项目前期和设计阶段投资控制的意义和方法

建设项目投资控制应贯穿于建设项目从确定建设直至建成竣工验收再到保修期结束为止的整个建设全过程。但是建设项目的前期和在工程的设计阶段的投资控制具有特别重要的意义。

项目前期和设计阶段对建设项目投资具有决定作用，其影响程度也符合经济学中的"二八定律"。"二八定律"也叫帕累托定律，即在任何一组东西中，最重要的只占其中一小部分，约为20%；其余80%尽管是多数，却是次要的。项目前期和设计阶段投资控制的重要作用，反映在建设项目前期工作和设计对投资费用的巨大影响上：建设项目规划和设计阶段已经决定了建设项目生命周期内80%的费用；而设计阶段尤其是初步设计阶段已经决定了建设项目80%的投资。

项目前期和设计阶段对建设项目投资有着重要的影响，决定了建设项目投资控制的重点就是建设项目的前期和工程的设计阶段。其中，在方案设计阶段，节约和调节投资的余地最大，这是因为方案设计是确定建设项目的初始内容、形式、规模、功能和标准等的阶段，此时对其某一部分或某一方面的调整或完善将直接引起投资数额的变化。因此，必须加强方案设计阶段的投资控制工作，通过设计方案竞赛、设计方案的优选和调整、价值工程和其他技术经济方法，选择与确定既能满足建设项目的功能要求和使用要求，又可节约投资的经济合理的设计方案。

在初步设计阶段，相对方案设计来说节约和调节投资的余地会略小些，这是由于初步设计必须在方案设计确定的方案框架范围内进行设计，对投资的调节也在这一框架范围内，因此，节约投资的可能性就会略低于方案设计。但是，初步设计阶段的工作对建设项目投资还是具有重大的影响，这就需要做好各专业工程设计和技术方案的分析和比选，比如房屋建筑和结构的方案选择、材料的选用、方案中的平面布置、进深与开间的确定、立面形式的选择、层高与层数的确定、基础类型选用和结构形式的选择等，需要精心编制并审核设计概算，控制与初步设计结果相对应的建设项目投资。

进入施工图设计阶段以后，工程设计的工作是依据初步设计确定的设计原则对建设项目开展详细设计。在此阶段，节约和调节建设项目投资的余地相对就更小。在此阶段的投资控制，重点是检查施工图设计的工作是否严格按照初步设计来进行，否则，必须对施工图设计的结果进行调整和修改，以使施工图预算控制在设计概算的范围以内。

而至设计完成，工程进入施工阶段开始施工以后，从严格按图施工的角度，节约投资的可能性就非常小了。因此，进行建设项目的投资控制就必须抓住设计阶段这个重点，尤其是方案设计和初步设计，而且越往前期，节约投资的可能性就越大。

上海浦东国际机场建设前期，经技术论证确定选址以后，项目建设方开始进行机场的总体规划，确定机场的总体位置及一期工程实施场地。总体规划完成后，项目建设方多次组织各方面专家对工程位置进行深入研究，从社会环境、生态环境、经济因素和可持续发展的角度，对机场的总平面位置及一期工程平面进行了一次次的修改和优化。期间，有专家提出了将整个机场规划范围向长江滩涂平移 700 米，即将机场位置东移 700 米的规划修改方案，从而可以避开搬迁量大的望海路，突破人民塘，一期工程平面位置移至沙脚河与新建圩及胜利塘之间。

机场位置东移的关键是要拆除现有防汛大堤人民塘，这是上海历史上从未有过的。对这一复杂且关系重大的问题，项目建设方组织水利专家进行进一步的专题研究，充分证实这一设想的正确性和可行性。经过专家的分析和计算论证，提出的防汛、促淤方案包括以下内容：加高加固新建圩围堤工程；加高加固江镇垃圾填埋堆围堤工程；建造抛石网笼促淤坝工程；建造促淤隔堤坝工程。基于科学的方案，项目建设方最终作出决策：将机场从原有的位置东移 700 米，加高加固新建圩，在东滩零米线处建造促淤坝来满足防汛要求，实施进一步的围海造地。

围海造地的科学方案为浦东国际机场可持续发展提供了可能，它使机场远期工程的建设基本上立足在围海所新造成的土地范围以内，为机场的发展提供了 18 平方千米的充足土地。机场东移围海造地工程最大限度地保护了社会环境，避开了人口密集区域，可以减少 5000 多户居民的拆迁量，少占用良田 5.6 平方千米，节约了项目投资，并减少了社会不安定因素。围海造地工程，避开陆地，缓解了噪声污染问题。

根据测算，这一规划方案的优化调整，节省工程项目建设投资达 20 多亿元。试想如果仍旧按照原规划方案，后续阶段的工作做得再好也不可能会产生这样的成效。

（三）价值工程方法

在建设项目的各个阶段，都可以应用价值工程方法进行投资控制。

价值工程是运用集体智慧和有组织的活动，对所研究对象的功能与费用进行系统分析并不断创新，使研究对象以最低的总费用可靠地实现其必要的功能，以提高研究对象价值的思想方法和管理技术。这里的"价值"，是功能和实现这个功能所耗费用（成本）的比值。价值工程表达式为：

$$V = F/C$$

式中：V——价值系数；

F——功能系数；

C——费用系数。

1. 价值工程的特点

价值工程活动的目的是以研究对象的最低寿命周期费用，可靠地实现使用者所需的功能，从而获取最佳综合效益。价值工程的主要特点如下。

（1）以提高价值为目标。研究对象的价值着眼于全寿命周期费用。全寿命周期费用指产品在其寿命期内所发生的全部费用，即从为满足功能要求进行研制、生产到使用所花费的全部费用，包括生产成本和使用费用。提高产品价值就是以最小的资源消耗获取最大的经济效果。

（2）以功能分析为核心。功能是指研究对象能够满足某种需求的一种属性，即产品的特定职能和所具有的具体用途。功能可分为必要功能和不必要功能，其中，必要功能是指使用者所要求的功能以及与实现使用者需求有关的功能。

（3）以创新为支柱。价值工程强调"突破、创新和求精"，充分发挥人的主观能动作用，发挥创造精神。首先，对原方案进行功能分析，突破原方案的约束。其次，在功能分析的基础上，发挥创新精神，创造更新方案。最后，进行方案对比分析，精益求精。能否创新及其创新程度是关系价值工程成败与效益的关键。

（4）技术分析与经济分析相结合。价值工程是一种技术经济方法，研究功能和成本的合理匹配，是技术分析与经济分析的有机结合。因此，分析人员必须具备技术和经济知识，做好技术经济分析，努力提高产品价值。

2. 价值工程在建设项目设计阶段的应用

同一个建设项目、同一单项或单位工程可以有不同的设计方案，也就会有不同的投资费用，这就可用价值工程方法进行设计方案的选择。这一过程的目的在于论证拟采用的设计方案在技术上是否先进可行，在功能上是否满足需要，在经济上是否合理，在使用上是否安全可靠。因此，要善于应用价值工程的原理，以提高设计对象价值为中心，把功能分析作为重点，通过价值和功能分析将技术问题与经济问题紧密地结合起来。价值工程中价值的大小取决于功能和费用，从价值与功能和费用的关系式中可以看出提高产品价值的基本途径：

（1）保持产品的功能不变，降低产品成本，以提高产品的价值。

（2）在产品成本不变的条件下，提高产品的功能，以提高产品的价值；产品成本虽有增加，但功能提高的幅度更大，相应提高产品的价值。

（3）在不影响产品主要功能的前提下，针对用户的特殊需要，适当降低一些次要功能，大幅度降低产品成本，提高产品价值。

（4）运用新技术，革新产品，既提高功能又降低成本，以提高价值。

三、建设工程项目进度的动态控制

在项目实施全过程中，要逐步由宏观到微观、由粗到细地编制深度不同的进度计划，包括项目总进度纲要（在特大型建设项目中可能采用）、项目总进度规划、项目总进度计划，以及各子系统和各子项目进度计划等。

编制项目总进度纲要和项目总进度规划时，要分析和论证项目进度目标实现的可能性，并对项目进度目标进行分解，确定里程碑事件的进度目标。里程碑事件的进度目标可作为进度控制的重要依据。

在工程实践中，往往以里程碑事件（或基于里程碑事件的细化进度）的进度目标值作为进度的计划值。进度实际值是对应于里程碑事件（或基于里程碑事件的细化进度）的实际进度。进度的计划值和实际值的比较应是定量的数据比较，并应注意两者内容的一致性。

工程进度计划值和实际值的比较，一般要求定期进行，其周期应视项目的规模和特点而定。工程进度计划值和实际值的比较成果是进度跟踪和控制报告，如编制进度控制的旬、月、季、半年和年度报告等。

经过进度计划值和实际进度的比较，如发现偏差，则应采取措施纠正偏差或者调整进度目标。在业主方项目管理过程中，进度控制的主要任务是根据进度跟踪和控制报告，积极协调不同参与单位、不同阶段、不同专业之间的进度关系。

（一）项目管理人员的工作

为实现工程进度动态控制，项目管理人员的工作主要包括以下几方面：

（1）收集编制进度计划的原始数据。

（2）进行项目结构分解（对项目的构成或组成进行分析，明确工作对象之间的关系）。

（3）进行进度计划系统的结构分析。

（4）编制各层（各级）进度计划。

（5）协调各层（各级）进度计划执行过程中的问题。

（6）采集、汇总和分析实际进度数据。

（7）定期进行进度计划值和实际值的比较。

（8）如发现偏差，采取进度调整措施或调整进度计划。

（9）编制相关进度控制报告。

（二）建设工程项目进度控制的措施

1. 建设工程项目进度控制的组织措施

（1）组织是目标能否实现的决定性因素，为实现项目的进度目标，应充分重视健全项目管理的组织体系。

（2）在项目组织结构中应有专门的工作部门和符合进度控制岗位资格的专人负责进度控制工作。

（3）进度控制的主要工作环节包括进度目标的分析和论证、编制进度计划、定期跟踪进度计划的执行情况、采取纠偏措施以及调整进度计划。这些工作任务和相应的管理职能应在项目管理组织设计的任务分工表和管理职能分工表中标示并落实。

（4）应编制项目进度控制的工作流程，如确定项目进度计划系统的组成以及各类进度计划的编制程序、审批程序和计划调整程序等。

（5）进度控制工作包含了大量的组织和协调工作，而会议是组织和协调的重要手段，应进行有关进度控制会议的组织设计，以明确：① 会议的类型；② 各类会议的主持人及参加单位和人员；③ 各类会议的召开时间；④ 各类会议文件的整理、分发和确认等。

2. 建设工程项目进度控制的管理措施

（1）建设工程项目进度控制的管理措施涉及管理的思想、管理的方法、管理的手段、承发包模式、合同管理和风险管理等。在理顺组织的前提下，科学和严谨的管理显得十分重要。

（2）建设工程项目进度控制在管理观念方面存在的主要问题是：① 缺乏进度计划系统的观念，分别编制各种独立而互不联系的计划，形成不了系统；② 缺乏动态控制的观念，只重视计划的编制，而不重视对计划进行及时的动态调整；③ 缺乏进度计划多方案比较和选优的观念，合理的进度计划应体现资源的合理使用、工作面的合理安排以及有利于提高建设质量、有利于文明施工和有利于合理地缩短建设周期。

（3）用网络计划的方法编制进度计划必须很严谨地分析和考虑工作之间的逻辑关系，通过网络计算可发现关键工作和关键路线，也可知道非关键工作可使用的时差，网络计划的方法有利于实现进度控制的科学化。

（4）承发包模式的选择直接关系到项目实施的组织和协调。为了实现进度目标，应选择合理的合同结构，以避免过多的合同交界面而影响工程的进展。工程物资的采购模式对进度也有直接的影响，对此应进行比较分析。

（5）为实现进度目标，不但应进行进度控制，还应注意分析影响项目进度的风险，并在分析的基础上采取风险管理措施，以减少进度失控的风险量。常见的影响项目进度的风险包括组织风险、管理风险、合同风险、资源（人力、物力和财力）风险和技术风险等。

（6）重视信息技术（包括相应的软件、局域网、互联网以及数据处理设备）在进度控制中的应用。虽然信息技术对进度控制而言只是一种管理手段，但它的应用有利于提高进度信息处理的效率和信息的透明度，还有利于促进进度信息的交流和项目各参与方的协同工作。

3. 建设工程项目进度控制的经济措施

（1）建设工程项目进度控制的经济措施涉及资金需求计划、资金供应的条件和经济激励措施等。

（2）为确保进度目标的实现，应编制与进度计划相适应的资源需求计划（资源进度计划），包括资金需求计划和其他资源（人力和物力资源）需求计划，以反映工程实施的各时段所需要的资源。通过资源需求的分析，可发现所编制的进度计划实现的可能性，若资源条件不具备，则应调整进度计划。资金需求计划也是工程融资的重要依据。

（3）资金供应条件包括可能的资金总供应量、资金来源（自有资金和外来资金），以及资金供应的时间。

（4）在工程预算中应考虑加快工程进度所需要的资金，其中包括为实现进度目标将要采取的经济激励措施所需要的费用。

4. 建设工程项目进度控制的技术措施

（1）建设工程项目进度控制的技术措施涉及对实现进度目标有利的设计技术和施工技术的选用。

（2）不同的设计理念、设计技术路线、设计方案会对工程进度产生不同的影响。在设计工作的前期，特别是在设计方案评审和选用时，应对设计技术与工程进度的关系进行分析比较。在工程进度受阻时，应分析是否存在设计技术的影响因素，为实现进度目标有无设计变更的可能性。

（3）施工方案对工程进度有直接的影响，在决策选用时，不仅应分析技术的先进性和经济合理性，还应考虑其对进度的影响。在工程进度受阻时，应分析是否存在施工技术的影响因素，为实现进度目标有无改变施工技术、施工方法和施工机械的可能性。

四、质量控制的方法

讲到项目质量控制，人们首先就会想到施工质量，而且有许多人也往往认为项目质量就是指施工质量。实际上，项目质量目标可以分解为设计质量、施工质量、材料质量和设备质量。各质量子目标还可以进一步分解，例如，施工质量可以按单项工程、单位（子单位）工程、分部（子分部）工程、分项工程和检验批进行划分。因此，质量控制工作贯穿在项目建设全过程和面向整个项目。从项目各阶段质量目标计划值和实际值比较的主要关系中，也可以看出各阶段质量控制子系统的相互关系，各个子系统还可以进一步分解。

（1）在设计阶段，质量目标计划值和实际值的比较主要包括：① 初步设计和可行性研究报告、设计规范的比较；② 技术设计和初步设计的比较；③ 施工图设计和技术设计、设计规范的比较。④ 在设计阶段，业主方和代表业主方的项目管理单位需要控制设计质量，设计方本身也要控制设计质量。

（2）在施工阶段，质量目标计划值和实际值的比较主要包括：① 施工质量和施工图设计、施工合同中的质量要求、工程施工质量验收统一标准、专业工程施工质量验收规范、相关技术标准等的比较；② 材料质量和施工图设计中相关要求、相关技术标准等的比较；③ 设备质量和初步设计或技术设计中相关要求、相关质量标准等的比较。

从上面的比较关系可以看出，质量目标的计划值与实际值也是相对的，例如，施工图设计的质量（要求）相对于技术设计是实际值，而相对于工程施工是计划值。

质量目标计划值和实际值的比较，需要对质量目标进行分解，形成可比较的子项。质量目标计划值和实际值的比较是定性比较和定量比较的结合，如专家审核、专家验收、现场检测、试验和外观评定等。

（3）质量控制的对象可能是建设项目设计过程、单位工程、分部分项工程或检验批。以一个分部分项工程为例，动态控制过程的工作主要包括以下几个方面：① 确定控制对象应达到的质量要求；② 确定所采取的检验方法和检验手段；③ 进行质量检验；④ 分析实测数据和标准之间产生偏差的原因；⑤ 采取纠偏措施；⑥ 编制相关质量控制报告等。

第三章

建设工程造价管理概论

第一节　基本建设概述

一、基本建设相关概念

（一）固定资产

固定资产是指在社会再生产过程中，使用一年以上，单位价值在规定限额以上（如1000元、1500元或2000元），并且在使用过程中保持原有实物形态的主要劳动资料和其他物质资料，如建筑物、构筑物、运输设备、电气设备等。

凡是不同时符合使用年限和单位价值限额这两项规定的劳动资料均为低值易耗品，如企业自身使用的工具、器具、家具等。

（二）基本建设

基本建设是指投资建造固定资产和形成物质基础的经济活动。凡是固定资产扩大再生产的新建、扩建、改建、恢复工程及与之相关的活动均称为基本建设。因此，基本建设的实质是形成新增固定资产的一项综合性经济活动，其主要内容是把一定的物质资料（如建筑材料、机械设备等）通过购置、建造、安装和调试等活动转化为固定资产，从而形成新的生产能力或使用效益。与之相关的其他工作，如征用土地、勘察设计、筹建机构和生产职工培训等，也属于基本建设的组成部分。

（三）基本建设的内容

基本建设是通过勘察、设计和施工等活动，以及其他有关部门的经济活动来实现的。它包括从资源开发规划，确定工程建设规模、投资结构、建设布局、技术政策和技术结构、环境保护、项目决策，到建筑安装、生产准备、竣工验收、联动试车等一系列复杂的技术经济活动。基本建设的内容主要有以下几个方面。

（1）建筑工程。它是指永久性或临时性的各种建筑物和构筑物。如厂房、仓库、住宅、学校、矿井、桥梁、电站、体育场等新建、扩建、改建或复建工程，各种民用管道和线路的敷设工程，设备基础、炉窑砌筑、金属结构件（如支柱、操作台、钢梯、钢栏杆等）工程，以及农田水利工程等。

（2）设备及工器具购置。它是指按设计文件规定，对用于生产或服务于生产且达到固定资产标准的设备、工器具的加工、订购和采购。

（3）安装工程。它是指永久性或临时性生产、动力、起重、运输、传动和医疗、实验等设备的装配、安装工程，以及附属于被安装设备的管线敷设、绝缘、保温、刷油等工程。

（4）其他基本建设工作。它是指上述三项工作之外并与建设项目有关的各项工作。其内容因建设项目性质的不同而有所差异，以新建工作而言，主要包括：征地、拆迁、安置，建设场地准备（三通一平），勘察、设计，招标、承建单位投标，生产人员培训，生产准备，竣工验收、试车等。

（四）基本建设的主要作用

基本建设的主要作用包括：不断为国民经济建设与可持续发展提供新的生产能力或工程效益；改善各产业部门经济结构、产业结构和地区生产力的布局；用先进的科学技术改造落后的生产方式，增强国防实力，提高社会生产技术水平，满足人民群众不断增长的物质文化生活的需要。

二、基本建设程序

（一）基本建设程序的概念

基本建设程序是指建设项目从酝酿、提出、决策、设计、施工到竣工验收及投入生产的整个过程中各环节及各项主要工作内容必须遵循的先后顺序。这个顺序是由基本建设进程所决定的，它反映了建设工作客观存在的经济规律及自身的内在联系特点。基本建设过程中所涉及的社会层面和管理部门广泛，协调合作环节多，因此，必须按照建设项目的客观规律进行工程建设。

（二）基本建设程序

基本建设的程序依次划分为四个建设阶段和九个建设环节，以下为四个建设阶段。

（1）建设前期阶段：提出项目建议书；进行可行性研究。

（2）建设准备阶段：编制设计文件；工程招投标、签订施工合同；进行施工准备。

（3）建设施工阶段：全面施工；生产准备。

（4）竣工验收阶段：竣工验收、交付使用；建设项目后评价。

1. 提出项目建议书

项目建议书是建设单位向国家和省、市、地区主管部门提出的要求建设某一具体项目的建议文件，即对拟建项目的必要性、可行性以及建设的目的、计划等进行论证并写成报告。项目建议书一经批准后即为立项，立项后即可进行可行性研究。

2. 进行可行性研究

可行性研究是对该建设项目在技术上是否可行和在经济上是否合理进行的科学分析和论证。它通过市场研究、技术研究、经济研究进行多方案比较，提出最佳方案。

可行性研究通过评审后，就可着手编写可行性研究报告。可行性研究报告是确定建设项目、编制设计文件的主要依据，在基本建设程序中占主导地位。

3. 编制设计文件

可行性研究报告经批准后，建设单位或其主管部门可以委托或通过设计招投标的方式选择设计单位，按可行性研究报告中的有关要求，编制设计文件。一般进行两阶段设计，即初步设计和施工图设计。技术上比较复杂而又缺乏设计经验的项目，可进行三阶段设计，即初步设计、技术设计和施工图设计。设计文件是组织工程施工的主要依据。

初步设计是为了阐明在指定地点、时间和投资限额内，拟建项目在技术上的可行性及经济上的合理性，并对建设项目做出基本技术经济规定，同时编制建设项目总概算。经批准的可行性研究报告是初步设计的依据，不得随意修改或变更。

技术设计是为了进一步解决初步设计的重大技术问题，如工艺流程、建筑结构、设备选型及数量确定等，同时对初步设计进行补充和修正，然后编制修正总概算。

施工图设计是在初步设计的基础上进行的，需完整地表现建筑物外形、内部空间尺寸、结构体系、构造以及与周围环境的配合关系，同时还包括各种运输、通信、管道系统、建筑设备的设计。施工图设计完成后应编制施工图预算。

4．工程招投标、签订施工合同

建设单位根据已批准的设计文件和概预算书，对拟建项目实行公开招标或邀请招标，选定具有一定技术、经济实力和管理经验，能胜任承包任务，效率高、价格合理而且信誉好的施工单位承揽工程任务。施工单位中标后，与建设单位签订施工合同，确定承发包关系。

5．进行施工准备

开工前，应做好施工前的各项准备工作。其主要内容包括：征地拆迁、技术准备、搞好"三通一平"；修建临时生产和生活设施；协调图纸和技术资料的供应；落实建筑材料、设备和施工机械；组织施工力量按时进场。

6．全面施工

施工准备就绪，必须办理开工手续，取得当地建设主管部门颁发的开工许可证后即可正式施工。在施工前，施工单位要编制施工预算。为确保工程质量，必须严格按施工图纸、施工验收规范等要求进行施工，按照合理的施工顺序组织施工，加强经济核算。

7．生产准备

项目投产前要进行必要的生产准备，包括建立生产经营相关管理机构，培训生产人员，组织生产人员参加设备的安装、调试，订购生产所需原材料、燃料及工器具、备件等。

8．竣工验收、交付使用

建设项目按批准的设计文件所规定的内容建设完成后，即可以组织竣工验收，这是对建设项目的全面性考核。验收合格后，施工单位应向建设单位办理竣工移交和竣工结算手续，交付建设单位使用。

9．建设项目后评价

建设项目后评价是工程项目竣工投产并生产经营一段时间后，对项目的决策、设计、施工、投产及生产运营等全过程进行系统评价的一种技术经济活动。通过建设项目后评价，达到总结经验、研究问题、吸取教训并提出建议，以及不断提高项目决策水平和改善投资效果的目的。

第二节 建设工程造价概述

一、建设工程造价的含义

建设工程造价是指建设工程产品的建造价格。在市场经济条件下，建设工程造价有以下两种含义。

第一种含义：从投资者——业主的角度分析，建设工程造价是指建设一项工程预期开支或实际开支的全部固定资产投资费用，包括设备及工器具购置费、建筑安装工程费、工程建设其他费用、预备费、建设期贷款利息。这里的"建设工程造价"强调的是"费用"的概念。投资者为了获得投资项目的预期效益，就需要对项目进行策划、决策、实施以及竣工验收等一系列投资管理活动。在上述活动中所花费的全部费用，就是建设工程造价。从这个意义上讲，建设工程造价就是建设工程项目的固定资产投资费用。

第二种含义：从市场交易的角度来分析，建设工程造价是指工程价格。即为建成一项工程，预计或实际在土地市场、设备市场、技术劳务市场以及工程承发包市场等交易活动中所形成的建筑安装工程价格和建设工程总价格。这里的"建设工程造价"强调的是"价格"的概念。

显然，第二种含义是以建设工程这种特定的商品形式作为交易对象，通过招投标或其他交易方式，在多次预估的基础上，由市场形成价格。在这里，工程的范围和内涵既可以是涵盖范围很大的一个建设项目，也可以是一个单项工程，或者是整个建设过程中的某个阶段（如土地开发工程、建筑工程、装饰工程、安装工程等），又或者是其中的某个组成部分。随着经济发展中技术的进步、分工的细化和市场的完善，工程建设中的中间产品也会越来越多，商品交换会更加频繁，工程价格的种类和形式也会更为丰富。

通常把工程造价的第二种含义认定为工程承发包价格。承发包价格是工程造价中一种重要的，也是最典型的价格形式。它是在建筑市场通过招投标，由需求主体（投资者）和供给主体（承包商）共同认可的价格，即建筑安装工程价格。由于该价格在项目固定资产中占有50%～60%的份额，又是工程建设中最活跃的部分，而施工企业是工程项目的实施者，是建筑市场的主体，所以将工程承发包价格界定为工程造价很有现实意义。

工程造价的两种含义是从不同角度把握同一事物的本质。对于建设工程的投资者来说，工程造价就是项目投资，是"购买"工程项目要付出的价格，同时也是投资者在市场上"出售"工程项目时定价的基础;对于供应商来说,工程造价是他们出售商品和劳务的价格总和,或是特指范围的工程造价,如建筑安装工程造价。

工程造价的两种含义是对客观存在的概括,它们既是一个统一体,又是相互区别的。最主要的区别在于需求主体和供给主体在市场追求的经济利益不同。区别工程造价的两种含义的理论意义在于,为投资者及以承包商为代表的供应商在工程建设领域的市场行为提供理论依据。当政府提出要降低工程造价时,是站在投资者的角度充当着市场需求主体的角色;当承包商提出要提高工程造价、获得更多利润时,是要实现一个市场供给主体的管理目标。这是市场运行机制的必然,不同的利益主体会产生不同的目标,不能混为一谈。区别工程造价的两种含义的现实意义在于,为实现不同的管理目标,不断充实工程造价的管理内容,完善管理方法,更好地为实现各自的目标服务,从而有利于推动经济的全面增长。

二、建设工程造价的特点

建设工程造价的特点是由建设工程的特殊性决定的,主要包括以下五点。

（一）工程造价的大额性

任何一项能够发挥投资效用的工程,不仅实物形体庞大,而且造价高昂,动辄数百万、数千万、数亿、十几亿元人民币,特大型工程项目的造价可达百亿、千亿元人民币。工程造价的大额性事关各方面的重大经济利益,同时也会对宏观经济产生重大影响,这就决定了工程造价的特殊地位,也说明了工程造价管理的重要意义。

（二）工程造价的个别性和差异性

任何一项工程都有特定的用途、功能和规模,且它们所处的地区、地段都不相同。因而不同工程的内容和实物形态都具有差异性,这就决定了工程造价的个别性和差异性。

（三）工程造价的动态性

任何一项工程从决策到竣工交付使用,都有一个较长的建设时间段。在预计工期内,许多影响工程造价的动态因素,如工程变更、设备材料价格、工资标准、费率、利率、汇率等都可能会发生变化,这种变化必然会影响到造价的变动。所以,工程造价在整个建设期都处于不确定状态,直至竣工决算后才能最终确定工程的实际造价。

（四）工程造价的层次性

建设工程的层次性决定了工程造价的层次性。一个建设项目（如学校）往往是由多个单项工程（如教学楼、办公楼、宿舍楼等）组成的;一个单项工程又是由若干个单位工程（如建筑工程、给排水工程、电气安装工程等）组成的。与此相对应,工程造价也有三个层次,即建设项目总造价、单项工程造价和单位工程造价。

如果专业分工更细,单位工程（如建筑工程）的组成部分——分部工程、分项工程也可以成为商品交换对象，如大型土方工程、基础工程等，这样工程造价的层次就增加了分部工程和分项工程而成为五个层次。即使从造价的计算和工程管理的角度来看，工程造价的层次性也是非常突出的。

（五）工程造价的兼容性

工程造价的兼容性不仅表现在它具有两种含义，还表现在工程造价构成因素的广泛性和复杂性。首先，成本因素非常复杂；其次，获得建设工程用地支出的费用、项目可行性研究和规划设计费用、与政府一定时期政策（特别是产业政策和税收政策）相关的费用占有相当的份额；最后，盈利的构成也较为复杂，资金成本比较大。

三、建设工程造价的职能

工程造价除具有一般商品的价格职能以外，还具有以下特殊的职能。

（一）预测职能

工程造价的大额性和动态性使得无论是投资者还是承包商，都要对拟建工程项目的工程造价进行预测。投资者预测工程造价不仅可以作为项目投资决策的依据，也是筹集资金、控制造价的依据。而承包商预测工程造价，既为投标决策提供依据，也为投标报价和成本管理提供依据。

（二）控制职能

工程造价的控制职能表现在两个方面：一是工程造价的纵向控制，即上一阶段的工程造价作为下一阶段的控制目标，例如估算造价控制概算造价、概算造价控制预算造价，以此类推；二是工程造价的横向控制，即在某一个阶段，按一定的工程造价指标和技术经济指标作为控制目标对工程造价进行控制，如单方造价指标等。工程造价的控制职能在工程建设中具有十分重要的意义，它直接关系到项目能否获得预期的投资效益，同时工程造价的控制效果也直接关系到施工企业的经济效益。

（三）评价职能

首先，工程造价是国家或地方政府控制投资规模、评价项目经济效果、确定建设计划的重要依据，从宏观经济的运行来看，基本建设投资过大或过小都不好，因此，国家或地方政府根据一定的投资规模只选定经济效果评价好的项目列入年度投资或中长期投资计划；其次，工程造价是金融部门评价项目偿还能力以及确定贷款计划、贷款偿还期和贷款风险的重要经济评价参数，工程造价也是建设单位考察项目经济效益进行投资决策的基本依据；最后，工程造价是施工企业评价自身技术、管理水平和经营成果的重要依据。

（四）调控职能

建设工程领域既是资金密集行业，也是劳动力密集行业，因此，建设工程直接关系到国家整个经济的运行和增长，也直接关系到国家重要资源分配和资金流向，对国民经济有着重大影响，所以国家对建设规模、结构进行宏观调控是不可缺少的，对政府投资项目进行直接调控和管理也是非常必要的。这些都要运用工程造价作为经济杠杆，对建设工程中的物质消耗水平、建设规模、投资方向等进行调控和管理。

四、建设工程造价的作用

建设工程造价的作用是其职能的外延。工程造价涉及国民经济各部门、各行业，涉及社会再生产中的各个环节，也直接关系到人民群众的生活，所以它的作用范围和影响程度都很大。其作用主要表现在以下几个方面。

（一）工程造价是建设项目决策的工具

建设工程投资大、生产和使用周期长等特点决定了建设项目决策的重要性。工程造价决定着建设项目的一次性投资费用。投资者是否有足够的财务能力支付这笔费用，是否认为值得支付这项费用，是项目决策中要考虑的主要问题。如果建设工程的造价超过投资者的支付能力，就会迫使投资者放弃拟建的项目；如果项目投资的效果达不到预期目标，投资者也会自动放弃拟建的工程。因此在建设项目决策阶段，建设工程造价就成为项目财务分析和经济评价的重要依据。

（二）工程造价是制订投资计划和控制投资的依据

投资计划是按照建设工期、工程进度和建设工程价格等逐年分月加以制订的。正确的投资计划有助于合理和有效地使用资金。

工程造价在控制投资方面的作用是非常明显的。工程造价通过各个建设阶段的预估，最终通过竣工结算确定下来。每一次工程造价的预估就是对其控制的过程，而每一次工程造价的预估又是下一次预估的控制目标，也就是说每一次工程造价的预估不能超过前一次预估的一定幅度，即前者控制后者，这种控制是在投资财务能力的限度内为取得既定的投资效益所必需的。建设工程造价对投资的控制也表现在利用制定各种定额、标准和造价要素等，对建设工程造价的计算依据进行控制。

（三）工程造价是筹措建设资金的依据

随着市场经济体制的建立和完善，我国已基本实现从单一的政府投资到多元化投资的转变，这就要求项目的投资者有很强的筹资能力，以保证工程项目有充足的资金供应。工程造价决定了建设资金的需求量，从而为筹集资金提供了比较准确的依据。当建设资金来源于金融机构的贷款时，工程造价成为金融机构评价建设项目偿还贷款能力和放贷风险的依据，并根据工程造价来决策是否贷款以及确定给予投资者的贷款数额。

（四）工程造价是评价投资效果和考察施工企业技术经济水平的重要指标

建设工程造价是一个包含着多层次工程造价的体系，就一个工程项目来说，它既是建设项目的总造价，又包含单项工程的造价和单位工程的造价，同时也包含了单位生产能力的造价，或单位平方米建筑面积造价等。它能够为评价投资效果提供多种评价指标，并能形成新的工程造价指标信息，为今后类似工程项目的投资提供参照指标。所有这些指标形成了工程造价自身的一个指标体系。工程造价水平也反映了施工企业的技术经济水平，例如，在投标过程中，施工单位的报价水平既反映了其自身的技术经济水平，同时也反映了其在建筑市场上的竞争能力。

（五）工程造价是调节利益分配和产业结构的手段

建设工程造价的高低，涉及国民经济各部门和企业间的利益分配。在计划经济体制下，政府为了用有限的财政资金建成更多的工程项目，总是趋向于压低建设工程造价，使建设中的劳动消耗得不到完全补偿，价值不能得到完全实现，而未被实现的部分价值则被重新分配到各个投资部门，为项目投资者所占有。这种利益的再分配既有利于各产业部门按照政府的投资导向加速发展，也有利于按宏观经济的要求调整产业结构；但是这种利益的再分配也会严重损坏建筑企业的利益，造成建筑业萎缩和建筑企业长期亏损的后果，从而使建筑业的发展长期处于落后状态，与整个国民经济发展不相适应。在市场经济中，工程造价也无一例外地受供求状况的影响，并在围绕价值的波动中实现对建设规模、产业结构和利益分配的调节。同时，工程造价作为调节市场供需的经济手段，调整着建筑产品的供需数量，这种调整最终有利于优化资源配置，有利于推动技术进步和提高劳动生产率。

第三节　建设工程造价计价概述

一、建设工程造价计价的概念

建设工程造价计价就是计算和确定建设项目的工程造价，简称工程计价，也称工程估价。其具体是指工程造价人员在项目实施的各个阶段，根据各个阶段的不同要求，遵循计价原则和程序，采用科学的计价方法，对投资项目最可能实现的合理造价做出科学的计算。

由于建设工程造价具有大额性、个别性、差异性、动态性、层次性及兼容性等特点，所以工程计价的内容、方法及表现形式也就各不相同。业主或其委托的咨询单位编制的工程项目投资估算、设计概算、招标控制价，以及承包商和分包商提出的报价，都是工程计价的不同表现形式。

二、建设工程造价计价的基本原理

工程计价的基本原理就在于工程项目的分解与组合。由于建设工程项目的技术经济特点，如单件性、体积大、生产周期长、价值高以及交易在先、生产在后等，使得建设项目工程造价形成过程和机制与其他商品不同。

工程项目是单件性与多样性组成的集合体。每一个工程项目的建设都需要按业主的特定需要进行单独设计、单独施工，不能批量生产和按整个工程项目确定价格，只能采用特殊的计价程序和计价方法，即将整个项目进行分解，划分为可以按有关技术经济参数测算价格的基本单元子项。这是既能够用较为简单的施工过程生产出来，又可以用适当的计量单位计算并便于测定的建设工程的基本构造要素，也称为"假定的建筑安装产品"。而找到适当的计量单位及其当时当地的单价，就可以采取一定的计价方法，进行分项分部组合汇总，计算出某工程的工程总造价。

因此，工程造价计价的主要特点就是按工程结构进行分解，将这个工程分解至基本项，即基本构造要素，如此就能很容易地计算出基本项的费用。一般来说，分解的结构层次越多，基本项越细，造价计算越精确。

工程造价的计算从分解到组合的特征是和建设项目的组合性有关的。一个建设项目就是一个工程综合体。这个综合体可以分解为许多有内在联系的独立的和不能独立的工程，那么建设项目的工程造价计价过程就是一个逐步组合的过程。

三、建设工程造价计价的特征

工程造价的特点，决定了工程造价计价有如下特征。

（一）造价计价的单件性

建设工程产品的个别差异性决定了每项工程都必须单独计算造价。即便是完全相同的工程，由于建设地点或建设时间不同，也必须进行单独造价计价。

（二）造价计价的多次性

建设项目建设周期长、规模大、造价高，这就要求在工程建设的各个阶段多次计价，并对其进行监督和控制，以保证工程造价计算的准确性和控制的有效性。多次性造价计价特点决定了工程造价不是固定、唯一的，而是随着工程的进展逐步深化、细化和逐步接近实际造价的过程。

1. 投资估算

在编制项目建议书和进行可行性研究阶段，根据投资估算指标、类似工程的造价资料、现行的设备材料价格并结合工程的实际情况，对拟建项目的投资需要量进行估算。投资估算是可行性研究报告的重要组成部分，是判断项目可行性、进行项目决策、筹资、控制造价的主要依据之一。经批准的投资估算是工程造价的目标限额，是编制概预算的基础。

2. 设计总概算

在初步设计阶段，根据初步设计的总体布置，采用概算定额或概算指标等编制项目的总概算。设计总概算是初步设计文件的重要组成部分。经批准的设计总概算是确定建设项目总造价、编制固定资产投资计划、签订建设项目承包合同和贷款合同的依据，是控制拟建项目投资的最高限额。概算造价可分为建设项目概算总造价、单项工程概算综合造价和单位工程概算造价三个层次。

3．修正概算

当采用三阶段设计时，在技术设计阶段，随着对初步设计的深化，建设规模、结构性质、设备类型等方面可能要进行必要的修改和变动，因此初步设计的概算随时需要做必要的修正和调整。但一般情况下，修正概算造价不能超过概算造价。

4．施工图预算

施工图预算又称预算造价，是在施工图设计阶段，根据施工图纸以及各种计价依据和有关规定编制施工图预算，它是施工图设计文件的重要组成部分。经审查批准的施工图预算，是签订建筑安装工程承包合同、办理建筑安装工程价款结算的依据，它比概算造价或修正概算造价更为详尽和准确，但不能超过设计概算造价。

5．合同价

在工程招投标阶段，签订总承包合同、建筑安装工程施工承包合同、设备材料采购合同时，由发包方和承包方共同协商一致作为双方结算基础的工程合同价格。合同价属于市场价格的性质，它是由承发包双方根据市场行情共同议定和认可的成交价格，但它并不等同于最终决算的实际工程造价。

6．结算价

在合同实施阶段，以合同价为基础，同时考虑实际发生的工程量增减、设备材料价差等影响工程造价的因素，按合同规定的调价范围和调价方法对合同价进行必要的修正和调整，确定结算价。结算价是该单项工程的实际造价。

7．竣工决算价

在竣工验收阶段，根据工程建设过程中实际发生的全部费用，由建设单位编制竣工决算，反映工程的实际造价和建成交付使用的资产情况，作为财产交接、考核交付使用的财产成本，以及使用部门建立财产明细表和登记新增财产价值的依据，它才是建设项目的最终实际造价。

以上说明建设工程的计价过程是一个由粗到细、由浅入深、由粗略到精确，多次计价最后才达到实际造价的过程。各计价过程之间是相互联系、相互补充、相互制约的关系，前者制约后者，后者补充前者。

（三）计价的组合性

建设工程造价的计算是逐步组合而成的，一个建设项目总造价由各个单项工程造价组成；一个单项工程造价由各个单位工程造价组成；一个单位工程造价按分部分项工程计算

得出，这充分体现了计价组合的特点。可见，建设工程计价的过程是：分部分项工程费用
→单位工程造价→单项工程造价→建设项目总造价。

（四）计价方法的多样性

工程造价在各个阶段具有不同的作用，而且各个阶段对建设项目的研究深度也有很大
的差异，因而工程造价的计价方法是多种多样的。在可行性研究阶段，工程造价的计价多
采用设备系数法、生产能力指数估算法等。在设计阶段，尤其是施工图设计阶段，设计图
纸完整，细部构造及做法均有大样图，工程量已能准确计算，施工方案比较明确，则多采
用定额法或实物法计算。

（五）计价依据的复杂性

由于工程造价的构成复杂，影响因素多，且计价方法也多种多样，因此计价依据的种
类也多，主要可分为以下几类。

（1）设备和工程量的计算依据，包括项目建议书、可行性研究报告、设计文件等。

（2）计算人工、材料、机械等实物消耗量的依据，包括各种定额。

（3）计算工程资源单价的依据，包括人工单价、材料单价、机械台班单价等。

（4）计算设备单价的依据。

（5）计算各种费用的依据。

（6）政府规定的税、费依据。

（7）调整工程造价的依据，包括造价文件规定、物价指数、工程造价指数等。

四、建设工程造价计价的基本方法与模式

（一）建设工程造价计价的基本方法

工程造价计价的形式有多种，各不相同，但工程计价的基本过程、原理和基本方法是
相同的，无论是估算造价、概算造价、预算造价还是招标控制价和投标报价，其基本方法
都是成本加利润。但对于不同的计价主体，成本和利润的内涵是不同的。对于政府而言，
成本反映的是社会平均水平，利润水平也是社会平均利润水平。对于业主而言，成本和利
润则是考虑了建设工程的特点、建筑市场的竞争状况以及物价水平等因素确定的；业主的
计价既反映了其投资期望，也反映了其在拟建项目上的质量目标和工期目标。对于承包商
而言，成本则是其技术水平和管理水平的综合体现，承包商的成本属于个别成本，具有社
会平均先进水平。

（二）工程造价计价的模式

影响工程造价计价的主要因素包括基本构造要素的单位价格和基本构造要素的实物工
程数量。在进行工程造价计价时，基本构造要素的实物工程量可以通过工程量计算规则和
设计图纸计算得到，它可以直接反映工程项目的规模和内容。基本构造要素的单位价格则

有两种形式：直接工程费单价和综合单价。

直接工程费单价是指分部分项工程单位价格，它是一种仅仅考虑人工、材料、机械资源要素的价格形式；综合单价是指分部分项工程的单价，既包括人工费、材料费、机械台班使用费、管理费和利润，也包括合同约定的所有工料价格变化等一切风险费用，它是一种完全价格形式。与这两种单价形式相对应的有两种计价模式，即定额计价模式和工程量清单计价模式。

1. 定额计价模式

定额计价是我国长期以来在工程价格形成中采用的计价模式，是国家通过颁布统一的估价指标、概算定额、预算定额和相应的费用定额，对建筑产品价格有计划管理的一种方式。在计价中以定额为依据，按定额规定的分部分项子目，逐项计算工程量，套用定额单价（或单位估价表）直接确定工程费，然后按取费标准确定构成工程价格的其他费用和利税，获得建筑安装工程造价。建设工程概预算书就是根据不同设计阶段设计的图纸和国家规定的定额、指标及各项费用取费标准等资料，预先计算的新建、扩建、改建工程的投资额的技术经济文件。由建设工程概预算书所确定的每一个建设项目、单项工程或单位工程的建设费用，实质上就是相应工程的计划价格。

长期以来，我国承发包计价以工程概预算定额为主要依据。因为工程概预算定额是我国几十年计价实践的总结，具有一定的科学性和实践性，所以用这种方法计算和确定工程造价过程简单、快速，而且比较准确，也有利于工程造价管理部门的管理。但预算定额是按照计划经济的要求制定、发布、贯彻执行的，定额中工、料、机的消耗量是根据"社会平均水平"综合测定的，费用标准是根据不同地区价格水平平均测算的，因此企业采用这种模式报价时就会表现为平均主义，企业不能结合项目具体情况、自身技术优势、管理水平和材料采购渠道价格进行自主报价，不能充分调动企业加强管理的积极性，也不能充分体现市场公平竞争的基本原则。

2. 工程量清单计价模式

工程量清单计价模式，是建设工程招投标中，按照国家统一的工程量清单计价规范，招标人或其委托的有资质的咨询机构编制反映工程实体消耗和措施消耗的工程量清单，并作为招标文件的一部分提供给投标人，由投标人依据工程量清单，根据各种渠道所获得的工程造价信息和经验数据，结合企业定额自主报价的计价方式。采用工程量清单计价，能够反映出承建企业的工程个别成本，有利于企业自主报价和公平竞争，同时，实行工程量清单计价，工程量清单作为招标文件和合同文件的重要组成部分，对于规范招标人计价行为，在技术上避免招标中弄虚作假和暗箱操作，以及保证工程款的支付结算都会起到重要作用。

由于工程量清单计价模式需要比较完善的企业定额体系以及较高的市场化环境，短期内难以全面铺开。因此，目前我国建设工程造价实行"双轨制"计价管理办法，即定额计价法和工程量清单计价法同时实行。

第四节　建设工程造价管理概述

一、建设工程造价管理的含义

建设工程造价管理不同于企业管理或财务会计管理，工程造价管理具有管理对象的不重复性、市场条件的不确定性、施工企业的竞争性、项目实施活动的复杂性和整个建设周期都存在变化及风险等特点。

建设工程造价有两种含义，相应的，建设工程造价管理也有两种含义：一是建设工程投资费用管理；二是建设工程价格管理。

（一）建设工程投资费用管理

建设工程的投资费用管理属于投资管理范畴。建设工程投资管理，是指为了实现投资的预期目标，在拟定的规划、设计方案的条件下，预测、计算、确定和监控工程造价及其变动的系统活动。这一含义既涵盖了微观层次的项目投资费用的管理，也涵盖了宏观层次的投资费用的管理。这种含义的管理侧重于投资费用的管理，而不是侧重于工程建设的技术方面。

（二）建设工程价格管理

建设工程价格管理属于价格管理范畴。在社会主义市场经济条件下，价格管理分为微观和宏观两个层次。在微观层次上，是指生产企业在掌握市场价格信息的基础上，为实现管理目标而进行的成本控制、计价、定价和竞价的系统活动。它反映了微观主体按支配价格运动的经济规律，对商品价格进行能动的计划、预测、监控和调整，并接受价格对生产的调节。在宏观层次上，是指政府根据社会经济发展的要求，利用现有的法律、经济和行政手段对价格进行管理和调控，并通过市场管理规范市场主体价格行为的系统活动。

工程建设关系国计民生，同时今后政府投资公共项目仍然会占相当份额，所以国家对工程造价的管理，不仅承担一般商品价格的调控职能，而且在政府投资项目上也承担着微观主体的管理职能。这种双重角色的双重管理职能，是工程造价管理的一大特色。区分两种管理职能，进而制定不同的管理目标，采用不同的管理方法是建设工程造价管理的本质特色所在。

二、建设工程造价管理的目标、任务、对象及特点

（一）建设工程造价管理的目标

建设工程造价管理的目标是按照经济规律的要求，根据社会主义市场经济的发展形

势，利用科学的管理方法和先进的管理手段，合理地确定造价和有效地控制造价，以提高投资效益和建筑安装企业的经营效果。

（二）建设工程造价管理的任务

建设工程造价管理的任务是加强工程造价的全过程动态管理，强化工程造价的约束机制，维护有关各方的经济利益，规范价格行为，促进微观效益和宏观效益的统一。

（三）建设工程造价管理的对象

建设工程造价管理的对象分客体和主体。客体是建设工程项目，而主体是业主或投资人（建设单位）、承包商或承建商（设计单位、施工单位、项目管理单位）以及监理、咨询等机构及其工作人员。对各个管理对象而言，具体的工程造价管理工作，其管理的范围、内容，以及作用各不相同。

（四）建设工程造价管理的特点

建筑产品作为特殊的商品，具有建设周期长、资源消耗大、参与建设人员多、计价复杂等特征，这使得建设工程造价管理具有以下特点。

1. 工程造价管理的参与主体多

工程造价管理的参与主体不仅是建设单位项目法人，还包括工程项目建设的投资主管部门、行业协会、设计单位、施工单位、造价咨询机构等。具体来说，决策主管部门要加强项目的审批管理；项目法人要对建设项目从筹建到竣工验收全过程负责；设计单位要把好设计质量和设计变更关；施工企业要加强施工管理等。因而，工程造价管理具有明显的多主体性。

2. 工程造价管理的多阶段性

建设项目从可行性研究阶段开始，依次进行设计、招标投标、工程施工、竣工验收等阶段，每一个阶段都有相应的工程造价文件：投资估算、设计概预算、招标控制价或投标报价、工程结算、竣工决算。而每一个阶段的造价文件都有特定的作用，例如：投资估算价是进行建设项目可行性研究的重要参数；设计概预算是设计文件的重要组成部分；招标控制价或投标报价是进行招投标的重要依据；工程结算是承发包双方控制造价的重要手段；竣工决算是确定新增固定资产价值的依据。因此，工程造价的管理需要分阶段进行。

3. 工程造价管理的动态性

工程造价管理的动态性有两个方面，一是指工程建设过程中有许多不确定因素，如物价、自然条件、社会因素等，对这些不确定因素必须采用动态的方式进行管理；二是指工程造价管理的内容和重点在项目建设的各个阶段都是不同的、动态的。例如：可行性研究阶段工程造价管理的重点在于提高投资估算的编制精度以保证决策的正确性；招投标阶段要使招标控制价和投标报价能够反映市场；施工阶段要在满足质量和进度的前提下降低工程造价以提高投资效益。

4．工程造价管理的系统性

工程造价管理具备系统性的特点，例如，投资估算、设计概预算、招标控制价、投标报价、工程结算与竣工决算组成了一个系统。因此应该将工程造价管理作为一个系统来研究，用系统工程的原理、观点和方法进行工程造价管理，才能实施有效的管理，实现最大的投资效益。

三、建设工程造价管理的基本内容

建设工程造价管理的基本内容就是合理地确定和有效地控制工程造价。合理地确定造价和有效地控制造价之间不是简单的因果关系，是有机联系的辩证的关系，二者相互依存、相互制约，贯穿于工程建设全过程。造价管理，即项目建议书、可行性研究、初步设计、技术设计、施工图设计、招投标、合同实施、竣工验收等阶段的工程造价管理。首先，工程造价的确定是工程造价控制的基础和载体，没有造价的确定就没有造价的控制；其次，工程造价的控制贯穿于造价确定的全过程，造价的确定过程也就是造价的控制过程，通过逐项控制、层层控制才能最终合理地确定造价。

（一）工程造价的合理确定

工程造价的合理确定，就是指在工程建设的各个阶段，采用科学的计算方法和现行的计价依据及批准的设计方案或设计图纸等文件资料，合理确定投资估算、设计概算、施工图预算、承包合同价、工程结算价、竣工决算价。

（1）在项目建议书阶段，按照有关规定，应编制初步投资估算。经有关部门批准，作为拟建项目列入国家中长期计划和开展前期工作的控制造价。

（2）在项目可行性研究阶段，按照有关规定编制的投资估算，经有关部门批准，即为该项目控制造价。

（3）在初步设计阶段，按照有关规定编制的初步设计总概算，经有关部门批准，即作为拟建项目工程造价的最高限额。

（4）在施工图设计阶段，按规定编制施工图预算，用以核实施工图阶段预算造价是否超过批准的初步设计概算。

（5）对以施工图预算为基础招标投标的工程，承包合同价也是以经济合同形式确定的建筑安装工程造价。

（6）在工程实施阶段要按照承包方实际完成的工程量，以合同价为基础，同时考虑因物价上涨所引起的造价提高，考虑到设计中难以预计的而在实施阶段实际发生的工程和费用，合理确定结算价。

（7）在竣工验收阶段，全面汇集在工程建设过程中实际花费的全部费用，编制竣工决算，如实体现该建设工程的实际造价。

（二）工程造价的有效控制

工程造价的有效控制，是指在投资决策阶段、设计阶段、建设项目发包阶段和建设实施阶段把建设工程造价的实际发生控制在批准的造价限额以内，随时纠正发生的偏差，以保证项目管理目标的实现，以求在各个建设项目中能合理使用人力、物力、财力，取得较好的投资效益和社会效益。具体来说，它是用投资估算控制初步设计和初步设计概算；用设计概算控制技术设计和修正概算；用概算或者修正概算控制施工图设计和预算。有效控制工程造价应注意以下几点。

1．以设计阶段为重点的全过程造价控制

工程造价控制应贯穿于项目建设的全过程，但是各阶段工作对造价的影响程度是不同的。影响工程造价最大的阶段是投资决策和设计阶段，在项目做出投资决策后，控制工程造价的关键就在于设计阶段。有资料显示，至初步设计结束，影响工程造价的程度从95％下降到75％；至技术设计结束，影响工程造价的程度从75％下降到35％；至施工图设计阶段结束，影响工程造价的程度从35％下降到10％；而至施工开始，通过技术组织措施节约工程造价的可能性只有5％～10％。

因此，设计单位和设计人员必须树立经济核算的观念，克服重技术、轻经济的思想，严格按照设计任务书规定的投资估算做好多方案的技术经济比较。工程经济人员在设计过程中应及时对工程造价进行分析对比，能动地影响设计，以保证有效地控制造价；要积极推行限额设计，在保证工程功能要求的前提下，按各专业分配的造价限额进行设计，保证估算、概算起层层控制作用。

2．以主动控制为主

长期以来，建设管理人员把控制理解为进行目标值与实际值的比较，当两者有偏差时，分析产生偏差的原因，确定下一阶段的对策。这种传统的控制方法只能发现偏差，不能预防发生偏差，是被动控制。自20世纪70年代开始，人们将系统论和控制论研究成果应用到项目管理，把控制立足于事先主动地采取决策措施，尽可能减少以至避免目标值与实际值发生偏离。这是主动的、积极的控制方法，因此被称为主动控制。这就意味着工程造价管理人员不能死算账，而应能进行科学管理，不仅要真实地反映投资估算、设计概预算，更重要的是要能动地影响投资决策、设计和施工，主动地控制工程造价。

3．技术与经济相结合是控制工程造价最有效的手段

控制工程造价，应从组织、技术、经济、合同等多方面采取措施。

从组织上采取措施，就要做到专人负责，明确分工；从技术上要进行多方案选择，力求先进可行、符合国情；从经济上要动态比较投资的计划值和实际值，严格审核各项支出。

工程建设要把技术与经济有机地结合起来，通过技术比较、经济分析和效果评价，正

确处理技术先进与经济合理之间的对立统一关系，力求做到在技术先进条件下的经济合理，在经济合理基础上的技术先进，把控制工程造价的思想真正地渗透到可行性研究、项目评价、设计和施工的全过程中。

应该看到，技术与经济相结合是控制工程造价最有效的手段。长期以来，在我国工程建设领域，技术与经济相分离。中国工程技术人员的技术水平、工作能力、知识面，跟国外同行相比几乎不分上下，但他们缺乏经济观念，设计思想保守，设计规范、施工规范仍有较大的上升空间。中国的技术人员较少考虑如何降低工程造价，而把它看成与己无关的财会人员的职责。而财会、概预算人员的主要责任是根据财务制度办事，他们往往不熟悉工程知识，也较少了解工程进展中的各种关系和问题，往往单纯地从财务制度角度审核费用开支，难以有效地控制工程造价。为此，迫切需要解决以提高工程造价效益为目的的问题，在工程建设过程中把技术与经济有机结合，通过技术比较、经济分析和效果评价，正确处理技术先进与经济合理两者之间的对立统一关系，力求在技术先进条件下的经济合理，在经济合理基础上的技术先进，把控制工程造价观念渗透到各项设计和施工技术措施之中。

（三）工程造价管理的工作要素

工程造价管理围绕合理确定和有效控制工程造价两个方面，采取全过程、全方位管理，其具体的工作要素大致归纳为以下几点。

（1）可行性研究阶段对建设方案认真优选，编好、定好投资估算，考虑风险，备足投资。

（2）择优选定工程承建单位、咨询（监理）单位、设计单位，搞好相应的招标工作。

（3）合理选定工程的建设标准、设计标准，贯彻国家的建设方针。

（4）积极和合理地采用新技术、新工艺、新材料，优化设计方案，编好、定好概算，备足投资。

（5）择优采购设备、建筑材料，抓好相应的招标工作。

（6）择优选定建筑安装施工单位、调试单位，抓好相应的招标工作。

（7）认真控制施工图设计，推行"限额设计"。

（8）协调好与各有关方面的关系，合理处理配套工作（包括征地、拆迁等）中的经济关系。

（9）严格按概算对造价实行控制。

（10）用好、管好建设资金，保证资金合理、有效地使用，减少资金利息支出和损失。

（11）严格合同管理，做好工程索赔价款结算。

（12）强化项目法人责任制，落实项目法人对工程造价管理的主体地位，在法人组织内建立与造价紧密结合的经济责任制。

四、建设工程造价管理的组织

建设工程造价管理的组织，是指为了实现建设工程造价管理目标而进行的有效组织活动，以及与造价管理功能相关的有机群体。按照管理的权限和职责范围划分，我国目前的工程造价管理组织系统分为政府行政管理系统、行业协会管理系统，以及企、事业机构管理系统。

（一）政府行政管理系统

政府在工程造价管理中既是宏观管理主体，也是政府投资项目的微观管理主体。从宏观管理的角度，政府对工程造价管理有一个严密的组织系统，设置了多层管理机构，规定了管理权限和职责范围。住房和城乡建设部标准定额司是国家工程造价管理的最高行政管理机构，它的主要职责有以下几点。

（1）组织制定工程造价管理的有关法规、制度并组织贯彻实施。

（2）组织制定全国统一的经济定额和部管行业经济定额计划的制订、修订。

（3）监督指导全国统一的经济定额和部管行业经济定额的实施。

（4）制定工程造价咨询单位的资质标准并监督执行，提出工程造价专业技术人员执业资格标准。

（5）管理全国工程造价咨询单位的资质工作，负责全国甲级工程造价咨询单位的资质审定。

省、自治区、直辖市和行业主管部门的工程造价管理机构，是在其管辖范围内行使管理职能；省辖市和地区的工程造价管理部门在所辖地区行使管理职能，其职责大体与国家建设部的工程造价管理机构相对应。

（二）行业协会管理系统

中国建设工程造价管理协会是我国建设工程造价管理的行业协会。中国建设工程造价管理协会成立于1990年7月，它的前身是1985年成立的"中国工程建设概预算委员会"。随着我国经济建设的发展、投资规模的扩大，工程造价管理已成为投资管理的重要内容，合理、有效地使用投资资金也成为国家发展经济的迫切要求。市场经济体制的确立，改革开放的深入，要求工程造价管理理论和方法都要有所突破。广大造价工作者也迫切地要求相互之间能就专业中的问题，尤其是能对新形势下出现的新问题，进行切磋和交流、上下沟通，所有这些都要求成立一个协会来协助主管部门进行管理。

中国建设工程造价管理协会的性质：由从事工程造价管理与工程造价咨询服务的单位及具有造价工程师注册资格和资深的专家、学者自愿组成的具有社会团体法人资格的全国性社会团体，是对外代表造价工程师和工程造价咨询服务机构的行业性组织，该协会经建设部同意，民政部核准登记属非营利性社会组织。

中国建设工程造价管理协会的主要职责有以下几点。

（1）研究工程造价管理体制的改革，行业发展、行业政策、市场准入制度及行为规范等理论与实践问题。

（2）探讨提高政府和业主项目投资效益，科学预测和控制工程造价，促进现代化管理技术在工程造价咨询行业中的运用，向国家行政部门提供建议。

（3）接受国家行政主管部门委托，承担工程造价咨询行业和造价工程师执业资格及职业教育等具体工作，研究提出与工程造价有关的规章制度及工程造价咨询行业的资质标准、合同范本、职业道德规范等行业标准，并推动其实施。

（4）对外代表我国造价工程师组织和工程造价咨询行业，与国际组织及各国同行组织建立联系与交往，签订有关协议，为会员开展国际交流与合作等服务。

（5）建立工程造价信息服务系统，编辑、出版有关工程造价方面的刊物和参考资料，组织交流和推广先进工程造价咨询经验，举办有关职业培训和国际工程造价咨询业务研讨活动。

（6）在国内外工程造价咨询活动中，维护和增进会员的合法权益，协调解决会员和行业间的有关问题，受理关于工程造价咨询执业违规的投诉，配合行政主管部门进行处理，并向政府部门和有关方面反映会员单位和工程造价咨询人员的建议和意见。

（7）指导各专业委员会和地方造价协会的业务工作。

（8）组织完成政府有关部门和社会各界委托的其他业务。

我国工程造价管理协会已初步形成三级协会体系，即中国建设工程造价管理协会，省、自治区、直辖市和行业工程造价管理协会以及工程造价管理协会分会。其职责范围也初步形成了宏观领导、中观区域和行业指导、微观具体实施的体系。

省、自治区、直辖市和行业工程造价管理协会的职责：负责造价工程师的注册，根据国家宏观政策并在中国建设工程造价管理协会的指导下，针对本地区和本行业的具体实际情况制定有关制度、办法和业务指导。

（三）企、事业机构管理系统

企、事业机构对工程造价的管理，属于微观管理的范畴，通常是针对具体的建设项目而实施工程造价管理活动。企、事业机构管理系统根据主体的不同，可划分为业主方工程造价管理系统、承包方工程造价管理系统、中介服务方工程造价管理系统。

1. 业主方工程造价管理系统

业主对项目建设的全过程进行造价管理，其职责主要有：进行可行性研究、投资估算的确定与控制；设计方案的优化和设计概算的确定与控制；施工招标文件和招标控制价的编制；工程进度款的支付和工程结算及控制；合同价的调整；索赔与风险管理；竣工决算的编制等。

2．承包方工程造价管理系统

承包方工程造价管理组织的职责主要有：投标决策，并通过市场研究和结合自身积累的经验进行投标报价；编制施工定额；在施工过程中进行工程造价的动态管理，加强风险管理、工程进度款的支付、工程索赔、竣工结算；加强企业内部的管理，包括施工成本的预测、控制与核算等。

3．中介服务方工程造价管理系统

中介服务方主要有设计方与工程造价咨询方，其职责主要有：按照业主或委托方的意图，在可行性研究和规划设计阶段确定并控制工程造价；采用限额设计以实现设定的工程造价管理目标；招投标阶段编制招标控制价，参与评标、议标；在项目实施阶段，通过设计变更、索赔与结算等工作进行工程造价的控制。

五、全过程工程造价管理

（一）全过程工程造价管理的内涵

随着时代的发展和社会的进步，我国的建设工程造价管理体制和方法必须进行全面转变。为了全面提高我国建设工程造价管理水平，必须尽快实现从传统的项目管理范式向现代项目管理范式的转换，同时实现从传统的基于定额的造价管理范式向现代的基于活动的全过程造价管理范式的转换。

建设项目全过程造价管理范式的核心概念主要包括以下几方面。

1．多主体的参与和投资效益最大化

全过程工程造价管理范式的根本指导思想是通过这种管理方法，使得项目的投资效益最大化以及合理地使用项目的人力、物力和财力以降低工程造价；全过程工程造价管理范式的根本方法是整个项目建设全过程中的各有关单位共同分工合作去承担建设项目全过程的造价控制工作。全过程工程造价管理要求项目全体相关利益主体的全过程参与，这些相关利益主体构成了一个利益团队，他们必须共同合作和分别负责整个建设项目全过程中各项活动造价的确定与控制责任。

2．全过程的概念

全过程工程造价管理作为一种全新的造价管理范式，强调建设项目是一个过程，建设项目造价的确定与控制也是一个过程，是一个项目造价决策和实施的过程，人们在项目全过程中都需要开展建设项目造价管理的工作。

3．基于活动的造价确定方法

全过程工程造价管理中的建设项目造价确定是一种基于活动的造价确定方法，这种方法是将一个建设项目的工作分解成项目活动清单，然后使用工程测量方法确定出每项活动所消耗的资源，最终根据这些资源的市场价格信息确定出一个建设项目的造价。

4. 基于活动的造价控制方法

全过程工程造价管理中的建设项目造价控制是一种基于活动的造价控制方法，这种方法强调一个建设项目的造价控制必须从项目的各项活动及其活动方法的控制入手，通过减少和消除不必要的活动去减少资源消耗，从而实现降低和控制建设项目造价的目的。

从上述分析可以得出全过程工程造价管理范式的基本原理是按照基于活动的造价确定方法去估算和确定建设项目造价，同时采用基于活动的管理方法以降低和消除项目的无效和低效活动，从而减少资源消耗与占用，并最终实现对建设项目造价的控制。

（二）全过程工程造价管理的基本步骤

全过程工程造价管理具有两项主要内容：一是造价的确定过程；二是造价的控制过程。

1. 造价的确定

全过程工程造价管理范式中的造价确定是按照基于活动的项目成本核算方法进行的。这种方法的核心指导思想是任何项目成本的形成都是由于消耗或占用一定的资源造成的，而任何这种资源的消耗和占用都是由于开展项目活动造成的，所以只有确定了项目的活动才能确定出项目所需消耗的资源，而只有在确定了项目活动所消耗和占用的资源以后才能科学地确定出项目活动的造价，最终才能确定出一个建设项目的造价。这种确定造价的方法实际上就是国际上通行的基于活动的成本核算的方法，也叫工程量清单法或工料测量法。需要注意的是，我国现在全面推广的工程量清单法在项目工作分解结构的技术、项目活动的分解与界定技术方法、项目资源价格信息收集与确定方法等方面还存在一些缺陷，所以必须加以改进和完善才能形成建设项目全过程造价确定的技术方法。

2. 造价的控制

全过程工程造价管理范式中的造价控制是按照基于活动的项目成本控制方法进行的。这种方法的核心指导思想是任何项目成本的节约都是由于项目资源消耗和占用的减少带来的，而项目资源消耗和占用的减少只有通过减少或消除项目的无效或低效活动才能做到，所以只有减少或消除项目的无效或低效活动以及改善项目低效活动的方法才能够有效地控制和降低建设项目的造价。这种造价控制的技术方法就是国际上流行的基于活动（或过程）的项目造价控制方法。我国现有的项目控制方法在不确定性成本控制、项目变更总体控制、项目多要素变动的集成管理和项目活动方法的改进与完善等方面都还存在一些缺陷，需要改进和完善。

（三）全过程工程造价管理的方法

全过程工程造价管理的方法主要有两部分：其一是基本方法，包括全过程工作分解技术方法、全过程工程造价确定技术方法、全过程工程造价控制技术方法；其二是辅助方法，包括全要素集成造价管理技术方法、全风险造价管理技术方法、全团队造价管理技术方法等。

1. 全过程工作分解技术方法

每一个建设项目的全过程都是由一系列的项目阶段和具体项目活动构成的，因此，全过程造价管理首先要求对建设项目进行工作分解与活动分解。

（1）建设项目全过程的阶段划分。一个建设项目的全过程至少可以简单地划分为四个阶段：项目可行性分析与决策阶段、项目设计与计划阶段、项目的实施阶段、项目的完工与交付阶段。

（2）建设项目各阶段的进一步划分。项目的每一个阶段是由一系列的活动组成的，因此，可以对项目的各阶段进行进一步划分，这种划分包括如下两个层次：① 项目的工作分解与工作包。任何一个建设项目都可以按照一种层次型的结构化方法进行项目工作包的分解，并且给出建设项目的工作分解结构，这是现代建设项目管理中范围管理的一种重要方法。借用现代建设项目管理的这种方法，可以将一个建设项目的全过程分解成一系列的项目工作包，然后将这些项目工作包进一步细分成建设项目全过程的活动，以便能够更为细致地去确定和控制项目的造价。② 项目的活动分解与活动。任何一个建设项目的工作包都可以进一步划分为多项建设项目的活动，这些活动是为了生成建设项目某种特定产出物服务的。这样，建设项目各阶段的工作包又可以进一步分解为一系列的活动，从而进一步细分一个项目全过程中各工作包中的工作，以便更为细致地去管理项目的造价。

因此，一个建设项目的全过程可以首先划分成多个建设项目阶段，然后再将这些阶段的建设项目工作包分解并做出建设项目的工作分解结构，最后进一步将工作包分解成活动并给出建设项目各项活动的清单，最终就可以入手各项活动的造价管理来实现对项目的全过程造价管理了。

2. 全过程工程造价确定技术方法

（1）全过程中各阶段造价的确定。根据上述项目的阶段性划分理论，一个建设项目全过程的造价就可以被看成是项目各阶段造价之和。实际上各个阶段的工程造价在很大程度上是各不相同的，其中项目的可行性研究与决策阶段的造价是由决策和决策支持工作所形成的成本加上相应的服务利润。通常这种成本是项目业主和咨询服务机构工作的代价，它在整个项目的成本中所占比重较小，而服务利润是指在委托造价咨询服务机构提供项目决策服务时应付的利润和税金等。项目的设计与计划阶段的造价多数是由设计和实施组织提供服务的成本加上相应的服务利润组成的；项目实施阶段的造价是由项目实施组织提供服务的成本加上相应的服务利润和项目主体建设中的各种资源的价值转移组成的；项目的完工与交付阶段的成本多数是指一些检验、变更和返工所形成的成本。

（2）全过程中项目活动的造价确定。项目各个阶段的造价实际上都是由一系列不同性质的项目活动所消耗或占用的资源形成的，因此要准确地确定项目的造价还必须分析和确定项目所有活动的造价。项目每个阶段的造价都是由其中的项目活动造价累计而成的。

（3）全过程工程造价的确定。项目全过程的造价是由项目各个不同阶段的造价构成的，而项目各个不同阶段的造价又是由每一项目阶段中项目活动的造价所构成的。所以在全过程造价的确定过程中必须按照项目活动分解的方法首先找出一个项目的项目阶段、项目工作分解结构和项目活动清单，然后按照自下而上的方法得到一个项目的全过程造价。

3．全过程工程造价控制技术方法

对项目全过程工程造价的控制首先必须从控制全过程中项目活动和项目活动方法入手，通过努力消除与减少无效活动和提高项目活动效率与改善项目活动方法去减少项目对于各种资源的消耗与占用，从而形成项目全过程造价的降低和节约。另外，还必须控制项目中各项活动消耗与占用的资源，通过科学的物流管理和资源配置方法以减少由于项目资源管理不善或资源配置不当所造成的项目成本的提高。

一个项目的全过程造价控制工作主要包括以下三方面内容。

（1）全过程工程中项目活动的控制。全过程中项目活动的控制主要包括两个方面：其一是活动规模的控制，即努力控制项目活动的数量和大小，通过消除各种不必要或无效的项目活动来实现节约资源和降低成本的目的；其二是活动方法的控制，即努力改进和提高项目活动的方法，通过提高效率来降低资源消耗和减少项目成本。

（2）全过程中项目资源的控制。全过程中项目资源的控制工作主要包括两个方面，其一是项目中各种资源的物流等方面的管理，即项目资源的采购和物流等方面的管理，其主要目的是降低项目资源在流通环节中的消耗和浪费；其二是各种资源的合理配置方面的管理，即项目资源的合理调配和项目资源在时间和空间的科学配置，其主要目的是消除各种停工待料或资源积压与浪费。

（3）全过程的造价结算控制。全过程的造价结算控制是一种间接控制造价的方法，可以减少项目贷款利息或汇兑损益以及提高资金的时间价值。例如，通过付款方式和时间的正确选择去降低项目物料和设备采购或进口方面的成本，通过对于结算货币的选择去降低外汇的汇兑损益，通过及时结算和准时交割减少利息支付等。

4．全要素集成造价管理技术方法

全过程的造价管理需要从管理影响项目造价的全部要素入手，建立一套涉及全要素集成造价控制的项目造价管理方法。在项目建设的全过程中影响造价的基本要素有四个：其一是建设项目范围；其二是建设项目工期；其三是建设项目质量；其四是建设项目造价。

在全过程造价管理中这四个要素是相互影响和相互转化的。一个建设项目的范围、工期和质量在一定条件下可以转化成项目的造价。例如，项目范围的扩大和项目工期的缩短会转化成项目造价的增加。同样，项目质量的提高也会转化成项目造价的增加。因此，对于全过程造价管理而言，还必须从影响造价的全部要素管理的角度分析和找出项目范围、工期、质量与造价等要素的相互关系。

5. 全风险造价管理技术方法

项目的实现过程是在一个存在许多风险和不确定性因素的外部环境和条件下进行的，这些不确定性因素的存在会直接导致项目造价的不确定性。因此，项目的全过程造价管理还必须综合管理项目的风险性因素及风险性造价。

项目造价的不确定性主要表现在三个方面，其一是项目活动本身存在的不确定性；其二是项目活动规模及其所消耗和占用资源数量方面的不确定性；其三是项目所消耗和占用资源价格的不确定性。

6. 全团队造价管理技术方法

项目在实现过程中会涉及多个不同的利益主体，包括项目法人、设计单位、咨询单位、承包商、供应商等，这些利益主体一方面为实现一个建设项目而共同合作，另一方面依分工不同去完成项目的不同任务并获得各自的收益。在项目的实现过程中，这些利益主体都有各自的利益，甚至有时候这些利益主体之间还会发生利益冲突，这就要求在项目的全过程工程造价管理中必须协调好他们之间的利益和关系，从而将这些不同的利益主体联合在一起构成一个全面合作的团队，并通过这个团队的共同努力去实现造价管理的目标。

第五节　工程造价咨询与造价工程师

一、工程造价咨询

（一）工程造价咨询的概念

咨询是指利用科学技术和管理人才的专业技能，根据委托方的要求，提供解决有关决策、技术和管理等方面问题的优化方案的智力服务活动过程。它以智力劳动为特点，以特定问题为目标，以委托人为服务对象，按合同规定的条件进行有偿的经营活动。

工程造价咨询是指工程造价咨询企业面向社会接受委托，承担建设项目的可行性研究、投资估算、项目经济评价、工程概预算、结算、竣工决算、工程招标控制价、投标报价的编制和审核，对工程造价进行监控以及提供有关工程造价信息资料等业务工作。

（二）工程造价咨询企业

工程造价咨询企业是指接受委托，对建设项目投资、工程造价的确定与控制提供专业咨询服务的企业。工程造价咨询企业应当依法取得工程造价咨询企业资质，并在其资质等级许可的范围内从事工程造价咨询活动。工程造价咨询企业从事工程造价咨询活动，应当遵循独立、客观、公正、诚实信用的原则，不得损害社会公共利益和他人的合法权益，任何单位和个人不得非法干预依法进行的工程造价咨询活动。

国务院建设主管部门负责全国工程造价咨询企业的统一监督管理工作，省、自治区、直辖市人民政府建设主管部门负责本行政区域内工程造价咨询企业的监督管理工作，有关专业部门负责对本专业工程造价咨询企业实施监督管理工作。

二、造价工程师

（一）造价工程师执业资格制度

1．造价工程师

造价工程师是指经全国统一考试合格，取得造价工程师执业资格证书，并经注册取得造价工程师注册证书，从事建设工程造价活动的人员。考试合格但未经注册的人员，不得以造价工程师的名义从事建设工程造价活动。凡从事工程建设活动的建设、设计、施工、工程造价咨询、工程造价管理等单位，必须在计价、评估、审查（核）、控制及管理等岗位配备有造价工程师执业资格的专业技术人员。

（1）造价工程师的素质要求。造价工程师的工作关系到国家和社会公众的利益，技术性很强，因此，对造价工程师的素质有特殊的要求。造价工程师的素质要求包括以下几个方面。

思想品德方面的素质。造价工程师在执业过程中，往往要接触许多工程项目，有些项目的工程造价高达数千万、数亿元人民币，甚至更多。造价确定是否准确，造价控制是否合理，不仅关系到国民经济发展的速度和规模，而且关系到多方面的经济利益关系。这就要求造价工程师要具有良好的思想修养和职业道德，既能维护国家利益，又能以公正的态度维护有关各方合理的经济利益，绝不能以权谋私。

专业方面的素质。造价工程师专业方面的素质集中表现在以专业知识和技能为基础的工程造价管理方面的实际工作能力。造价工程师应掌握和了解的专业知识主要包括以下几方面：① 相关的经济理论与项目投资管理和融资。② 相关法律、法规和政策与工程造价管理。③ 建筑经济与企业管理。④ 财政税收与金融实务。⑤ 市场、价格与现行各类计价依据（定额）。⑥ 招投标与合同管理。⑦ 施工技术与施工组织。⑧ 工作方法与动作研究。⑨ 建筑制图与识图和综合工业技术与建筑技术。⑩ 计算机应用和信息管理。

身体方面的素质。造价工程师要有健康的身体，以适应紧张、繁忙和错综复杂的管理和技术工作。

以上各项素质，只是造价工程师工作能力的基础，造价工程师在实际岗位上应能独立完成建设方案、设计方案的经济比较工作，项目可行性研究的投资估算、设计概算和施工图预算、招标控制价和投标报价、补充定额和造价指数等编制与管理工作，应能进行合同价结算和竣工决算的管理，以及对造价变动规律和趋势应具有分析和预测能力。

（2）造价工程师的技能结构。造价工程师是建设领域工程造价的管理者，其执业范围和肩负的重要任务要求造价工程师必须具备现代管理人员的技能结构。按照行为科学的观点，作为管理人员应具有三种技能，即技术技能、人文技能和观念技能。技术技能是指能使用由经验和教育及训练得到的知识、方法、技能和各类设备，来达到特定任务的能力；人文技能是指与人共事的能力和判断力；观念技能是指了解整个组织及自己在组织中地位的能力，使自己不仅能按本身所属的群体目标行事，而且能按整个组织的目标行事。但是，不同层次的管理人员所需具备的三种技能的结构并不相同，造价工程师应同时具备这三种技能，特别是观念技能和技术技能，但也不能忽视人文技能，忽视与人共事能力的培养，忽视激励的作用。

（3）造价工程师的执业。造价工程师是注册执业资格，造价工程师的执业必须依托所注册的工作单位，为了保护其所注册单位的合法权益并加强对造价工程师执业行为的监督和管理，我国规定造价工程师只能在一个单位注册和执业。

造价工程师的执业范围包括以下几方面：① 建设项目投资估算的编制、审核及项目经济评价。② 工程概算、预算、结算、竣工决算、工程量清单、招标控制价、投标报价的编制与审核。③ 工程变更和合同价款的调整和索赔费用的计算。④ 建设项目各阶段的工程造价控制。⑤ 工程经济纠纷的鉴定。⑥ 工程造价计价依据的编制、审核。⑦ 与工程造价有关的其他事项。

2. 造价工程师执业资格制度

随着我国社会主义市场经济体制的逐步完善，投融资体制不断改革和建设工程逐步推行招投标制，工程造价管理逐步由政府定价转变为市场形成造价的机制，这对工程造价专业技术人员的业务素质提出了更高的要求。

（二）造价工程师的考试制度

造价工程师执业资格考试实行全国统一大纲、统一命题、统一组织的办法，原则上每年举行一次。国家住房和城乡建设部负责考试大纲的拟定、培训教材的编写和命题工作，统一计划和组织考前培训等有关工作。培训工作按照与考试分开、自愿参加的原则进行。国家人事部负责审定考试大纲、考试科目和试题，组织或授权实施各项考务工作，会同国家住房和城乡建设部对考试进行监督、检查、指导和确定合格标准。

1. 报考条件

（1）一级造价工程师报考条件。凡遵守中华人民共和国宪法、法律、法规，具有良好的业务素质和道德品行，具备下列条件之一者，可以申请参加一级造价工程师职业资格考试：① 具有工程造价专业大学专科（或高等职业教育）学历，从事工程造价业务工作满 5 年；具有土木建筑、水利、装备制造、交通运输、电子信息、财经商贸大类大学专科（或高等职业教育）学历，从事工程造价业务工作满 6 年。② 具有通过工程教育专业评估（认证）的工程管理、工程造价专业大学本科学历或学位，从事工程造价业务工作满 4 年；

具有工学、管理学、经济学门类大学本科学历或学位，从事工程造价业务工作满 5 年。
③ 具有工学、管理学、经济学门类硕士学位或者第二学士学位，从事工程造价业务工作满 3 年。④ 具有工学、管理学、经济学门类博士学位，从事工程造价业务工作满 1 年。
⑤ 具有其他专业相应学历或者学位的人员，从事工程造价业务工作年限相应增加 1 年。

（2）二级造价工程师报考条件。凡遵守中华人民共和国宪法、法律、法规，具有良好的业务素质和道德品行，具备下列条件之一者，可以申请参加二级造价工程师职业资格考试：① 具有工程造价专业大学专科（或高等职业教育）学历，从事工程造价业务工作满 2 年；具有土木建筑、水利、装备制造、交通运输、电子信息、财经商贸大类大学专科（或高等职业教育）学历，从事工程造价业务工作满 3 年。② 具有工程管理、工程造价专业大学本科及以上学历或学位，从事工程造价业务工作满 1 年；具有工学、管理学、经济学门类大学本科及以上学历或学位，从事工程造价业务工作满 2 年。③ 具有其他专业相应学历或者学位的人员，从事工程造价业务工作年限相应增加 1 年。

2．考试科目

造价工程师职业资格考试设基础科目和专业科目。

一级造价工程师职业资格考试设四个科目，包括："建设工程造价管理""建设工程计价""建设工程技术与计量"和"建设工程造价案例分析"。其中，"建设工程造价管理"和"建设工程计价"为基础科目，"建设工程技术与计量"和"建设工程造价案例分析"为专业科目。

二级造价工程师职业资格考试设两个科目，包括："建设工程造价管理基础知识"和"建设工程计量与计价实务"。其中，"建设工程造价管理基础知识"为基础科目，"建设工程计量与计价实务"为专业科目。

造价工程师职业资格考试专业科目分为四个专业类别，即："土木建筑工程""交通运输工程""水利工程"和"安装工程"，考生在报名时可根据实际工作需要选择其一。

3．取得证书

一级造价工程师职业资格考试合格者，由各省、自治区、直辖市人力资源社会保障行政主管部门颁发中华人民共和国一级造价工程师职业资格证书，该证书全国范围内有效。

二级造价工程师职业资格考试合格者，由各省、自治区、直辖市人力资源社会保障行政主管部门颁发中华人民共和国二级造价工程师职业资格证书，该证书原则上在所在行政区域内有效。

第四章

建设工程项目合同动态控制与信息管理

第一节　建设工程项目合同跟踪

合同签订以后，合同中各项施工任务要落实到具体的项目经理或具体的项目参与人员身上，承包商作为履行合同义务的主体，必须对合同执行者（项目经理部和项目参与人）的履行情况进行跟踪、监督和控制，确保项目范围的严格管理和合同义务的完全履行。

建设工程项目合同跟踪有两个方面的含义：一是承包商的合同管理职能部门对合同执行者的履行情况进行的跟踪、监督和检查；二是合同执行者本身对合同计划的执行情况进行的跟踪、检查与对比，在合同实施过程中二者缺一不可。

一、合同跟踪的目的

在工程实施过程中，由于实际情况千变万化，导致合同实施与预定目标（计划和设计）偏离。如果不采取措施，这种偏差会由小到大，逐渐积累。合同跟踪可以不断找出偏离，不断地调整合同实施，使之与总目标一致，这是合同控制的主要手段。

对具体的合同活动或事件进行跟踪是一项非常细致的工作，对照合同事件表的具体内容，分析该事件的实际完成情况。一般包括完成工作的数量、完成工作的质量、完成工作的时间，以及完成工作的费用等情况。通过检查每个合同活动或合同事件的执行情况，对有异常情况的特殊事件，即实际与计划存在较大偏差的事件，应做进一步的分析，找出偏差的原因和责任。

二、合同跟踪的依据

（1）工程实施文件和工程项目管理合同变更文件，如进度计划、资源计划、施工方案、合同变更文件等都是合同跟踪和比较的基础，是合同实施的控制目标和依据。

（2）各种工程项目管理过程文件，如原始材料、用工和机械设备记录，各种工程报表、报告、验收结果、工程量测量结果等。

（3）工程实施过程信息反馈，如项目管理人员施工现场的巡视记录、各种会议纪要、检查工程质量、工程量测量记录等，可以更快地发现问题，更能透彻地了解问题，有助于迅速采取措施减少损失。

三、合同跟踪的对象

（1）具体的合同实施情况。对照合同实施工作表的具体内容，分析该工作的实际完成情况，具体如下：① 工作质量是否符合合同要求，如工作的精度、材料质量是否符合合同要求，工作过程中有无其他问题。② 工程项目范围是否符合要求，有无合同规定以外的工作。③是否在预定期限内完成工作，工期有无延长，延长的原因是什么。④工程量有无差别，成本有无增加或减少。经过上面的分析，可以找出偏差的原因和责任，从而发现索赔机会。

（2）对分部分项工程或分包商的工程进行跟踪，工程承包商可以将工程施工任务分解，并交由不同的工程小组或发包给专业分包商完成，但必须对这些工程小组或分包商及其所负责的各项工程进行跟踪检查、协调关系，提出意见、建议或警告，保证工程总体质量和进度。

对专业分包商工程，总承包商负有协调和管理的责任，并承担由此造成的损失，所以专业分包商的工作和负责的工程必须纳入总承包工程的计划和控制中，防止因分包商工程管理失误而影响全局。

（3）业主和其委托的工程师的工作如下：①业主是否及时、完整地提供了工程施工的实施条件，如场地、图纸、资料等。②业主和工程师是否及时给予了指令、答复和确认等。③业主是否及时并足额地支付了应付的工程款项。

（4）对工程总进度和实施状况跟踪：对工程总进度实施是否出现事先未考虑到的情况和局面；是否出现大的工程质量问题；是否发生较严重的工程事故；计划与实际的成本曲线是否达到预定计划或出现大的偏离。

第二节　建设工程项目合同控制

一、工程项目中的目标控制程序

合同确定的目标必须通过具体的工程实施过程实现，由于在工程项目管理中各种干扰的作用，常常使工程实施过程偏离总目标，控制就是为了保证工程实施按预定的计划进行，顺利地实现预定的目标。

（一）工程实施监督

目标控制首先应表现在对工程活动的监督上，即保证按照预先确定的各种计划、设计、施工方案实施工程项目。工程实施状况反映在原始的工程资料（数据）上，例如质量检查报告、分项工程进度报告、记工单、用料单、成本核算凭证等，工程实施监督是工程管理的日常事务性工作。

（二）跟踪

将收集到的工程资料和实际数据进行整理，得到能反映工程实施状况的各种信息，如各种质量报告、各种实际进度报表、各种成本和费用收支报表。将这些信息与工程目标，如合同文件、合同分析的资料、各种计划、设计等进行对比分析。这样可以发现两者的差异，差异的大小，即为工程实施偏离目标的程度。

如果没有差异，或差异较小，则可以按原计划继续实施工程。

（三）诊断

即分析差异的原因，采取调整措施差异表示工程实施偏离了工程目标，必须详细分析差异产生的原因，并对症下药，采取措施进行调整，否则这种差异会逐渐积累，越来越大，最终导致工程实施远离目标，使承包商或合同双方受到很大的损失，甚至可能导致工程的失败。所以，在工程实施过程中要不断地进行调整，使工程实施一直围绕合同目标进行。

二、建设工程项目合同控制的主要内容

按合同规定的各项义务、合同范围内的各种文件、合同分析资料等进行项目范围控制，按合同全面完成承包商的义务，防止违约。工程实施合同控制包括成本、质量、进度控制。

（1）成本控制：保证按计划成本完成工程，防止成本超支和费用增加，通过对各分项工程、分部工程、项目总计划成本和人力、材料、资金计划以及计划成本曲线等的实时分析监控，进行计划成本控制。

（2）质量控制：以合同规定的质量标准、规范、图纸、工程说明等为依据，保证按合同规定的质量完成工程，使工程顺利通过验收，交付使用，达到预定的功能。

（3）进度控制：根据合同规定的工期和总工期计划，按照业主批准的详细的施工进度计划、网络图、横道图等，按预定进度计划进行施工，按期交付工程，防止因工程拖延受到罚款。

三、合同动态控制

建设工程项目管理在任何情况下都要完成合同责任；成本、质量和进度是合同中规定的三个目标，而且承包商的根本任务就是圆满地完成他的合同责任，所以合同动态控制是其他控制的保证。实施动态的合同控制有两个原因。

（1）合同实施受到外界干扰，常常偏离目标，要不断地进行调整。

（2）合同目标本身不断地变化，例如在工程施工过程中不断出现合同变更，使工程的质量、工期、合同价格，以及合同双方的责任和权益发生变化。

因此，合同控制必须是动态的，合同实施必须根据变化的情况和目标而不断调整。建设工程项目合同控制不仅针对工程施工合同，而且包括与主合同相关的其他合同，如分包合同、供应合同、运输合同、租赁合同等，而且包括主合同与各分合同、各分合同之间的协调控制。

第三节　建设工程中实施有效的合同监督

合同管理责任是通过具体的合同实施工作完成的。合同监督可以保证合同实施按合同和合同分析的结果进行。合同监督的主要工作如下。

一、现场监督各工程小组、分包商的工作

合同管理人员与项目的其他职能人员共同检查合同实施计划的落实情况，如施工现场的安排，人工、材料、机械等计划的落实，工序间的搭接关系的安排和其他一些必要的准备工作。对照合同要求的数量、质量、技术标准和工程进度等，认真检查核对，发现问题应及时采取措施。

对各工程小组和分包商进行工作指导，并做经常性的合同解释，使各工程小组都有全局观念，对工程中发现的问题提出意见、建议或警告。

二、对业主、监理工程师进行合同监督

在工程施工过程中，业主、监理工程师常常变更合同内容，包括按照合同应由业主提供的条件业主却未及时提供，监理工程师应及时参与的检查验收工作却未及时参与；有时业主、监理工程师提出合同范围以外的要求。对这些问题，合同管理人员应及时发现、及时解决或提出索赔要求。此外，施工方与业主或监理工程师会就一些合同中未明确划分责任的工程活动发生争执，对此，合同管理人员要协助项目部，及时进行判定和调解工作。

三、对其他合同方的合同监督

在工程施工过程中，承包商不仅与业主打交道，还要在材料和设备的供应、运输，供用水、电、气，租赁、保管、筹集资金等方面，与众多企业或单位发生合同关系，这些关系在很大程度上影响施工合同的履行，因此，合同管理部门和人员对这类合同的监督也不能忽视。

工程活动之间时间上和空间上的不协调，合同责任界面争执是工程实施中很常见的，常常出现互相推卸一些合同中或合同事件表中未明确划定的工程活动的责任。这会引起内部和外部的争执，对此合同管理人员必须做判定和调解工作。

四、对各种书面文件作合同方面的审查和控制

合同管理工作一进入施工现场后，合同的任何变更都应由合同管理人员负责提出；对分包商的任何指令，对业主的任何文字答复、请示，都必须经合同管理人员审查，并记录

在案。承包商与业主的任何争议的协商和解决都必须有合同管理人员的参与，并对解决结果进行合同和法律方面的审查、分析和评价。

五、会同监理工程师对工程及所用材料和设备质量进行检查监督

按合同要求，对工程所用材料和设备进行开箱检查或验收，检查是否符合质量，符合图纸和技术规范等的要求，并进行隐蔽工程和已完工程的检查验收，负责验收文件的起草和验收的组织工作。

六、对工程款申报表进行检查监督

会同造价工程师对向业主提出的工程款申报表和分包商提交的工程款申报表进行审查和确认。

七、处理工程变更事宜

合同管理工作一经进入施工现场后，合同的任何变更，都应由合同管理人员负责提出。对分包商的任何指令，对业主的任何文字答复、请示，都须经合同管理人员审查，并记录在案。承包商与业主、与总（分）包商的任何争议的协商和解决都必须有合同管理人员的参与，并对解决结果进行合同和法律方面的审查、分析和评价。这样不仅保证工程施工一直处于严格的合同控制中，而且使承包商的各项工作更有预见性，能及早地预计行为的法律后果。

第四节　建设工程项目合同控制的管理措施

一、建立合同实施的保证体系

合同和合同分析的资料是工程实施管理的依据。合同组人员的职责是根据合同分析的结果，把合同责任具体地落实到各责任人和合同实施的具体工作上。

（1）组织项目管理人员和各工程小组负责人学习合同条文和合同总体分析结果，对合同的主要内容做出解释和说明，使大家熟悉合同中的主要内容、各种规定、管理程序，了解承包商的合同责任和工程范围，各种行为的法律后果等。使大家都树立全局观念，避免在执行中的违约行为，同时使大家的工作协调一致。

（2）将各种合同事件的责任分解落实到各工程小组或分包商。在分解落实过程中有如下合同和合同分析文件：合同事件表（任务单，分包合同）、施工图纸、设备安装图纸、详细的施工说明等。同时还包括对这些活动实施的技术和法律的问题的解释和说明，主要

有以下几方面内容：工程的质量、技术要求和实施中的注意点；工期要求；消耗标准；相关事件之间的搭接关系；各工程小组（分包商）责任界限的划分；完不成责任的影响和法律后果等。

（3）在合同实施过程中，定期进行检查、监督，落实合同内容。

（4）通过其他经济手段保证合同责任的完成。

对分包商，主要通过分包合同确定双方的责权利关系，以保证分包商能及时地按质按量完成合同责任。如果出现分包商违约或完不成合同，可对其进行合同处罚和索赔。

对承包商的工程小组可通过内部的经济责任制来保证合同责任的落实。落实工期、质量、消耗等目标后，应将这些要求与工程小组的经济利益挂钩，建立一整套经济奖罚制度，以保证目标的实现。

二、建立合同管理工作制度和程序

（1）在工程实施过程中，合同管理的日常事务性工作很多，合同管理部门需要协调好各方面的工作，使合同实施工作程序化、规范化。具体包括：① 检查合同实施进度和各种计划落实情况。② 协调各方面的工作，对后期工作做安排。③ 讨论和解决目前已经发生的和以后可能发生的各种问题，并做出相应的决策。④ 讨论合同变更问题，做出合同变更决议，落实变更措施，决定合同变更的工期和费用的补偿数量等。

承包商与业主、总包和分包之间会谈的重大议题和决议，应采用会谈纪要的形式确定下来。各方签署的会谈纪要作为有约束力的合同变更，是合同的一部分。合同管理人员负责会议资料的准备，提出会议的议题，起草各种文件，提出对问题解决的意见或建议，组织会议；会后起草会谈纪要（有时，会谈纪要由业主的工程师起草），对会谈纪要进行合同法律方面的检查。

对工程中出现的特殊问题，可以不定期地召开特别会议讨论解决方法。这样可以保证合同实施一直得到很好的协调和控制。

（2）建立合同管理的工作程序。对于一些经常性工作应订立工作程序，使大家有章可循。如各级别文件的审批、签字制度；图纸批准程序；工程变更程序；分包商的索赔程序；分包商的账单审查程序；材料、设备、隐蔽工程、已完工程的检查验收程序；工程进度付款账单的审查批准程序；工程问题的请示报告程序等。

三、建立文档管理系统，实现各种文件资料的标准化管理

合同管理人员负责各种合同资料和工程资料的收集、整理和保存工作。这项工作非常烦琐和复杂，要花费大量的时间和精力。工程的原始资料在合同实施过程中产生，它必须由各职能人员、工程小组负责人、分包商提供。

四、建立严格的质量检查验收制度

合同管理人员应主动地抓好工程和工作质量，协助做好全面质量管理工作，建立一整套质量检查和验收制度，例如每道工序结束应有严格的检查和验收环节；工序之间、工程小组之间应有交接制度；材料进场和使用应有一定的检验措施等。

防止由于承包商自己的工程质量问题造成被工程师检查验收不合格，试生产失败而承担违约责任。在工程中，由此引起的返工、窝工损失，工期的拖延应由承包商自己负责，得不到赔偿。

五、建立制度，使合同文件和双方往来函件的运行程序化

承包商和业主、监理工程师、分包商之间的沟通都应以书面形式进行，或以书面形式作为最终依据。这是合同的要求，也是经济法律的要求，也是工程管理的需要。在工程过程中，合同文件和双方往来函件的规范化应注意以下内容。

（1）定期的工程实施情况报告，如日报、周报、旬报、月报等。应规定报告内容、格式、报告方式、时间，以及负责人。

（2）工程过程中发生的特殊情况及其处理的书面文件，如特殊的气候条件、工程环境的突然变化等，应有书面记录，并由监理工程师签署。对在工程中合同双方的任何协商、意见、请示、指示等都应有书面记录。

（3）工程中所有涉及双方的工程活动，如材料、设备、各种工程的检查验收，场地、图纸的交接，各种文件（如会议纪要、索赔和反索赔报告、账单）的交接，都应有相应的手续，应有签收证据。

六、建立实施过程的动态控制系统

工程实施过程中，合同管理人员要进行跟踪、检查监督，收集合同实施的各种信息和资料，并进行整理和分析，将实际情况与合同计划资料进行对比分析。在出现偏差时，分析产生偏差的原因，提出纠偏建议，并将分析结果及时呈报项目经理审阅和决策。

第五节　建设工程合同信息管理

一、合同信息管理的重要性

随着项目管理技术和计算机网络技术的发展，计算机网络化管理已经成为合同信息管理的重要发展趋势。通过计算机网络技术能大大提高工程项目合同管理的效率和合同管理

水平，在现代项目管理中，合同管理人员要加强信息管理，对合同管理过程中输出的各种信息进行收集、整理、处理、存储、传递和应用，以便及时、高效地发出各项正确的指令。

在工程实施过程中，合同管理主要是对工程施工合同的签订、履行、变更和解除进行监督检查，对合同双方的争议进行调解和处理，以保证合同的依法签订和全面履行。合同管理人员应当对合同各类条款进行仔细认真的分析研究，建立合同网络，在工程实施过程中根据合同进行监督检查，并通过各种反馈信息及时、准确地处理工程实际问题。

为了提高合同管理的水平，全面、准确、及时地获取工程信息就十分重要，这就需要设计一个以合同为核心的信息流结构，包括建立合同目录、编码和档案，建立完整的合同信息管理制度以及包括会议制度在内的科学高效的合同管理信息系统。

二、工程合同信息管理的内容

工程合同信息包括合同前期信息、合同原始信息、合同跟踪信息、合同变更信息、合同结束信息。合同前期信息主要包括工程项目招投标信息；合同原始信息包括合同名称、合同类型、合同编码、合同主体、合同标的、商务条款、技术条款、合同参与方、关联合同等静态数据；合同跟踪信息包括合同进度、合同费用（投资与成本）、合同确定的项目质量等动态数据；合同变更信息包括合同变更参与方提出的变更建议、变更方案、变更指令、变更引起的标的变更；合同结束信息包括合同支付、合同结算、合同评价信息、合同归档信息。

三、工程合同信息管理的特点

（一）工程合同信息管理的生命周期

工程合同信息管理的生命周期包括合同前期的工程招投标阶段、项目合同执行阶段、项目合同结束阶段。工程招投标是工程项目合同形成的过程，这一阶段将产生工程合同的前期信息和合同的原始信息。项目合同执行阶段将合同执行过程中跟踪的进度、费用、质量实际数据与合同目标的原始信息进行比较分析，对执行过程中合同变更的信息进行跟踪记录，并且作为合同结算的依据。合同结束阶段对合同的实际信息进行汇总、分析、保存，对合同索赔、合同纠纷解决信息进行记录、分析、保存。因此，合同信息在从工程项目的招投标开始，到项目结束的合同管理全生命周期中不断流动、传递、变化。

（二）工程合同信息管理是工程项目管理信息系统的一个组成部分

工程项目管理信息系统包括工程项目范围管理、进度管理、费用管理、质量管理、合同管理、安全管理、环境管理等子系统。合同管理作为工程项目信息管理系统的一个子系统，与其他的子系统相关，尤其与进度管理子系统、费用管理子系统、质量管理子系统、范围管理子系统有着密切的关系。它们的信息有着输入与输出的关系，本子系统的输入来自其他子系统，在本子系统中经过处理、加工、生成的新的信息，又是其他子系统的输入信息。因此，工程合同信息管理绝不是孤立的信息处理，它必须涉及和影响工程项目管理信息系统的其他部分。

（三）工程合同信息管理的网络特性

伴随着网络时代和知识经济时代的到来，项目管理的信息化已成为必然趋势。欧美发达国家的一些工程公司、咨询公司已经在项目管理中运用了计算机网络技术，开始实现项目管理的网络化、虚拟化。借助于有效的信息技术，将规划管理中的战略协调、运作管理中的变更管理、商业环境中的客户关系管理等与项目管理的核心内容（造价与成本、质量与安全、进度与工期控制）相结合，建立基于 Internet 的项目管理集成化信息系统，将成为提高工程项目管理水平和企业核心竞争力的有效手段。工程项目的实施是一个系统工程，项目管理系统由多个项目管理子系统组成，即业主方的项目管理，设计方的项目管理，承包方的、供货方的项目管理等，其中业主方的项目管理起主导作用。

（四）工程合同信息管理的动态性

工程合同信息在全生命周期中不是静态的，随着项目的进展，合同目标信息（进度信息、费用信息、质量信息）不断更新。如果合同条件发生变化，合同信息也就随之发生变更。为了控制合同执行，需要根据合同的实际信息和合同变更信息对合同风险进行分析，调整项目管理对策。因此，合同信息的动态特性是合同信息管理系统设计的重要依据。

随着计算机技术和网络技术的高速发展，欧美发达国家在项目管理上开发了基于网络环境信息共享的，围绕时间、费用、质量控制和信息资源系统管理软件，通过对项目管理信息系统的集成，基于计算机辅助设计技术利用软件工程技术来实现项目管理实施过程可视化的 4D 项目管理模型，即在建筑 CAD 三维模型的基础上加上时间或成本因素，将模型的形成过程以动态的三维方式虚拟表现出来，实现项目的可视化和集成化管理。利用三维＋成本模型可以对方案进行全寿命成本比较分析；利用三维＋进度虚拟模型可以提前对方案的进度安排进行控制，使项目资源得到最充分的利用。

虚拟化技术在建设工程项目中的应用使项目的设计和建设过程更加直观和可监控，如在设计和施工过程未实际开始时就可以先观看有关设计的立体虚拟模型，体验其完成后的整体效果，并分析和计算各种设计方案对建筑物各方面的物理性能、投资、工期等指标的定性或定量影响（例如，根据设计自动产生进度计划），以改进设计、制订最佳实施计划等，从而更好地实现项目目标。再如通过对各种大型施工过程（如混凝土的搅拌、运输、浇筑、土方工程）的模拟、建筑物的 4D（四维）虚拟等，进行工程项目管理和合同动态控制。

合同各参与方的办公地点不在同一个地域，而合同管理的"协同"又要求他们打破

"信息孤岛"，同时进行信息处理，共享合同信息。因此，合同信息管理要求各参与方通过网络联通，共同处理相关的合同信息。合同信息管理系统的网络可以是广域网，可以是各参与方的内联网（Intranet）组成的合同管理的外联网（Extranet），可以是虚拟专用网络VPN，也可以通过合同信息管理门户网站、项目管理门户网站进行合同信息管理，甚至可以通过项目管理信息门户 PIP（project information portal）进行合同信息管理。

（五）工程合同信息管理的协同性

工程合同信息管理的协同性体现在项目各参与方围绕同一个合同协同处理合同信息。合同信息管理必须与进度信息管理、费用信息管理、质量信息管理、范围信息管理等进行协同；合同信息管理应该与知识库管理、数据库管理、沟通管理等进行协同。

第五章

工程设计阶段造价管理

第一节　设计方案的优选与限额设计

一、设计阶段的特点

（1）设计工作表现为创造性的脑力劳动。

（2）设计阶段是决定建设工程价值和使用价值的主要阶段。

（3）设计阶段是影响建设工程投资的关键阶段。

（4）设计工作需要反复协调。

（5）设计质量对建设工程总体质量有决定性影响。

二、设计方案优选的原则

由于设计方案的经济效果不仅取决于技术条件，而且还受不同地区的自然条件和社会条件的影响，所以设计方案优选时需结合当时当地的实际条件，选取功能完善、技术先进、经济合理的最佳设计方案。设计方案优选应遵循以下原则。

（一）设计方案必须要处理好经济合理性与技术先进性之间的关系

经济合理性要求工程造价尽可能低，如果一味地追求经济效果，可能会导致项目的功能水平偏低，无法满足使用者的要求；技术先进性追求技术的尽善尽美，如果项目功能水平先进很可能会导致工程造价偏高。因此，技术先进性与经济合理性是一对矛盾，设计者应妥善处理好二者的关系。一般情况下，在满足使用者要求的前提下尽可能降低工程造价。但如果资金有限制，也可以在资金限制内，尽可能提高项目功能水平。

（二）设计方案必须兼顾建设与使用并考虑项目全寿命周期费用

工程在建设过程中，控制造价是一个非常重要的目标。造价水平的变化会影响到项目将来的使用成本。如果单纯降低造价，引起偷工减料，建造质量得不到保障，就会导致使用过程中的维修费用很高，甚至有可能发生重大事故，给社会及人民的财产和安全带来严重损害。因此，在设计过程中应兼顾建设过程和使用过程，力求项目全寿命周期费用最低。

（三）设计方案必须兼顾近期与远期的要求

一项工程建成后，往往会在很长的时间内发挥作用。如果按照目前的要求设计工程，在不远的将来，可能会出现由于项目功能水平无法满足需要而重新建造的情况。但是如果按照未来的需要设计工程，又会出现由于功能水平过高而资源闲置浪费的现象，所以，设计者要兼顾近期和远期的要求，选择项目合理的功能水平。

三、设计方案评价、比选的方法

建设项目设计方案评价就是对设计方案进行技术与经济的分析、计算、比较和评价，从而选出与环境协调、功能适用、结构坚固、技术先进、造型美观和经济合理的最优设计方案，为决策提供依据。具体评价方法可分为整体宏观方案评价和局部具体方案评价，见表5-1。

表5-1 建设项目设计方案评价

评价比选范围	评价比选方法
整体宏观方案	投资回收期法、净现值法、净年值法、内部收益率法等
局部具体方案	多指标评价法、价值工程法等

（一）多指标评价法

规划方案和总体设计方案一般采用设计方案竞选方式。这种方式通常由组织竞选的单位聘请有关专家组成专家评审组，专家评审组按照技术先进、功能合理、安全适用、满足节能和环境要求、经济实用、美观的原则，同时考虑设计进度的快慢、设计单位与建筑师的资历信誉等因素综合评定设计方案的优劣，择优确定合适的方案。评定设计方案优劣时通常以一个或两个主要指标为主，再综合考虑其他指标。

（1）多指标对比法

多指标对比法是使用一组适用的指标体系，将对比方案的指标值列出，然后一一进行对比分析，根据指标值的高低，分析判断方案的优劣。

（2）多指标综合评分法

在设计方案的选择中，采用方案竞选和设计招标方式选择设计方案时，通常采用多指标综合评分法。评标时，可根据主要指标再综合考虑其他指标选优的方法，也可采用打分的方法，并对各指标考虑"权"值，最后以加权得分高者为最优设计方案。其计算公式为：

$$S = \sum_{i-1}^{n} W_i \cdot S_i \tag{5-1}$$

式中：S —— 设计方案总得分；

S_i —— 某方案在评价指标 i 上的得分；

W_i —— 评价指标 i 的权重；

n —— 评价指标数。

这种方法非常类似于价值工程中的加权评分法，区别就在于加权评分法中不将成本作为一个评价指标，而将其单独拿出来计算价值系数；多指标综合评分法则不将成本单独剔除，如果需要，成本也是一个评价指标。

（二）投资回收期法

比选设计方案的主要参考指标是方案的功能水平和成本。功能水平先进的设计方案通常投资也较多，收益也较好。因此，用投资回收期也可以衡量设计方案的优劣。通常，投资回收期越短的设计方案越好。

如果相互比较的各方案都能满足功能要求，那么只需要比较这些方案的投资和经营成本，用差额投资回收期法进行比较，计算公式为：

$$\Delta P_i = \frac{K_2 - K_1}{C_1 - C_2} \tag{5-2}$$

式中：K_2 —— 方案 2 的投资额；

K_1 —— 方案 1 的投资额，且 $K_2 > K_1$；

C_2 —— 方案 2 的年经营成本；

C_1 —— 方案 1 的年经营成本，且 $C_1 < C_2$；

ΔP_i —— 差额投资回收期。

当差额投资回收期不大于基准投资回收期时，投资大的方案优；反之，投资小的方案优。

（三）计算费用法

计算费用法是用一种合乎逻辑的方法，将一次性投资与经常性的运营费用，统一为一种性质的费用，以计算费用低者为优。它可分为总计算费用法和年计算费用法。

1. 总计算费用法

投资方案的总计算费用＝方案的投资额＋基准投资回收期

$$TC_1 = K_1 + P_c C_1$$
$$TC_2 = K_2 + P_c C_2 \tag{5-3}$$

式中：TC_1 —— 方案 1 的总计算费用；

TC_2 —— 方案 2 的总计算费用；

K_1 —— 方案 1 的投资额；

K_2 —— 方案 2 的投资额；

C_1 —— 方案 1 的年运营费用；

C_2 —— 方案 2 的年运营费用；

P_c —— 基准投资回收期。

比较 TC_1 和 TC_2，总计算费用最小的方案最优。

2. 年计算费用法

投资方案年计算费用＝方案的年运营费用＋基准投资效果系数×方案的投资额

$$AC_1 = C_1 + P_c K_1$$
$$AC_2 = C_2 + P_c K_2 \tag{5-4}$$

式中：AC_1 —— 方案 1 的年计算费用；

AC_2 —— 方案 2 的年计算费用；

R_c —— 基准投资效果系数。（式中其余符号同前）。

比较 AC_1 和 AC_2，年计算费用最小的方案最优。

（四）运用价值工程优化设计方案

1. 价值工程原理

价值工程的目的是以研究对象的最低寿命周期成本可靠地实现使用者所需的功能，以获取最佳的综合效益。价值工程的目标是提高研究对象的价值，价值的表达式为价值＝功能/成本，用公式表示：

$$V = F/C \qquad (5\text{-}5)$$

式中：V——研究对象的价值；

F——研究对象的功能；

C——研究对象的成本，即寿命周期成本。

由此可见，提高价值的途径包括：① 在提高功能水平的同时，降低成本。② 在保持成本不变的情况下，提高功能水平。③ 在保持功能水平不变的情况下，降低成本。④ 成本稍有增加，功能水平大幅度提高。⑤ 功能水平稍有下降，成本大幅度下降。

价值工程是一项有组织的管理活动，涉及面广，研究过程复杂，必须按照一定的程序进行。价值工程的工作程序如下。

（1）对象选择。在这一步应明确研究目标、限制条件及分析范围。

（2）组成价值工程领导小组，并制订工作计划。

（3）收集与研究对象相关的信息资料。此项工作应贯穿于价值工程的全过程。

（4）功能系统分析。这是价值工程的核心，通过功能系统分析应明确功能特性要求，弄清研究对象各项功能之间的关系，调整功能间的比重，使研究对象功能结构更合理。

（5）功能评价。分析研究对象各项功能与成本之间的匹配程度，从而明确功能改进区域及改进思路，为方案创新打下基础。

（6）方案创新及评价。在前面功能分析与评价的基础上，提出各种不同的方案，并从技术、经济和社会等方面综合评价各方案的优劣，选出最佳方案，将其编写为提案。

（7）由主管部门组织审批。

（8）方案实施与检查。制订实施计划、组织实施，并跟踪检查，对实施后取得的技术经济效果进行成果鉴定。

2. 价值工程在新建项目设计方案优选中的应用

整个设计方案可以作为价值工程的研究对象。在设计阶段实施价值工程的步骤一般如下。

（1）功能分析。建筑功能是指建筑产品满足社会需要的各种性能的总和。不同的建筑产品有不同的使用功能，它们通过一系列建筑因素体现出来，反映建筑物的使用要求。例如，工业厂房要能满足生产一定工业产品的要求，提供适宜的生产环境，既要考虑设备布置、安装需要的场地和条件，又要考虑必需的采暖、照明、给水排水、隔声消声等，以利于生产的顺利进行。建筑产品的功能一般分为社会性功能、适用性功能、技术性功能、物理性功能和美学性功能五类。功能分析首先应明确项目各类功能具体有哪些，哪些是主要功能，并对功能进行定义和整理，绘制功能系统图。

（2）功能评价。功能评价主要是比较各项功能的重要程度，用 $0\sim1$ 评分法、$0\sim4$ 评分法、环比评分法等方法，计算各项功能的功能评价系数，作为该功能的重要度权数。

① $0\sim1$ 评分法：将各功能一一对比，重要者得 1 分，不重要者得 0 分，然后为防止功能指数中出现 0 的情况，用各加 1 分的方法进行修正。最后用修正得分除以总得分即为功能指数。

② $0\sim4$ 评分法：将各功能一一对比，很重要的功能因素得 4 分，另一个很不重要的功能因素得 0 分；较重要的功能因素得 3 分，另一个较不重要的功能因素得 1 分；同样重要或基本同样重要时，则两个功能因素各得 2 分。

（3）方案创新。根据功能分析的结果，提出各种实现功能的方案。

（4）方案评价。首先，对第三步"方案创新"提出的各种方案进行审视，对各项功能的满足程度进行打分；其次，以功能评价系数作为权数，计算各方案的功能评价得分；最后，再计算各方案的价值系数，以价值系数最大者为最优。

（五）价值工程在设计阶段工程造价控制中的应用

利用价值工程控制设计阶段工程造价有以下步骤。

1. 对象选择

在设计阶段，应用价值工程控制工程造价应以对控制造价影响较大的项目作为价值工程的研究对象。因此，可以应用 ABC 分析法将设计方案的成本分解并分成 A、B、C 三类，其中，A 类以成本比重大，品种数量少的设计方案作为实施价值工程的重点。

2. 功能分析

分析研究对象具有哪些功能，各项功能之间的关系如何。

3. 功能评价

评价各项功能，确定功能评价系数，并计算实现各项功能的现实成本是多少，从而计算各项功能的价值系数。价值系数小于 1 的，应该在功能水平不变的条件下降低成本，或在成本不变的条件下，提高功能水平；价值系数大于 1 的，如果是重要的功能，应该提高成本，保证重要功能的实现。如果该项功能不重要，可以不做改变。

4. 分配目标成本

根据限额设计的要求，确定研究对象的目标成本，并以功能评价系数为基础，将目标成本分摊到各项功能上，与各项功能的现实成本进行对比，确定成本改进期望值，成本改进期望值大的，应首先重点改进。

5. 方案创新及评价

根据价值分析结果及目标成本分配结果的要求，提出各种方案，并用加权评分法选出最优方案，使设计方案更加合理。

四、限额设计

（一）限额设计的概念

限额设计就是按照批准的可行性研究报告及投资估算控制初步设计，按照批准的初步设计总概算控制技术设计和施工图设计，同时，各专业在保证达到使用功能的前提下，按分配的投资限额控制设计，严格控制不合理变更，保证总投资额不被突破。所谓限额设计就是按照设计任务书批准的投资估算额进行初步设计，按照初步设计概算造价限额进行施工图设计，按施工图预算造价对施工图设计的各个专业设计文件作出决策。投资分解和工程量控制是实行限额设计的有效途径和主要方法。

（二）限额设计的意义

（1）限额设计是控制工程造价的重要手段，是按上一阶段批准的投资来控制下一阶段的设计，在设计中以控制工程量与设计标准为主要内容，用以克服"三超"现象。

（2）限额设计有利于处理好技术与经济的对立统一关系，提高设计质量。限额设计并不是一味考虑节约投资，也绝不是简单地将投资砍一刀，而是包含了尊重科学、尊重实际、实事求是、精心设计和保证科学性的实际内容。

（3）限额设计有利于强化设计人员的工程造价意识，使设计人员重视工程造价。

（4）限额设计能扭转设计概预算本身的失控现象。限额设计在设计院内部可促使设计与概预算形成有机的整体。

（三）限额设计的目标

1. 限额设计目标的确定

限额设计目标是在初步设计开始前根据批准的可行性研究报告及其投资估算而确定的。限额设计指标经项目经理或总设计师提出，经主管院长审批下达。其总额额度一般只下达直接工程费的90%，项目经理或总设计师和室主任留有一定的调节指标的空间，限额指标用完后，必须经批准才能调整。专业之间或专业内部节约下来的单项费用未经批准不能相互调用。

2. 采用优化设计确保限额目标的实现

优化设计是以系统工程理论为基础，应用现代数学方法对工程设计方案、设备选型、参数匹配、效益分析等方面进行最优化的设计方法，它是控制投资的重要措施。在进行优化设计时，必须根据问题的性质选择不同的优化方法。一般来说，对于一些确定性问题，如投资、资源消耗、时间等有关条件已确定的，可采用线性规划、非线性规划、动态规划等理论和方法进行优化；对于一些非确定性问题，可以采用排队论、对策论等方法进行优化；对于涉及流量的问题，可以采用网络理论进行优化。

（四）限额设计的全过程

1. 在设计任务书批准的投资限额内进一步落实投资限额的实现

初步设计是方案比较优选的结果，是项目投资估算的进一步具体化。在初步设计开始时，将设计任务书的设计原则、建设方针和各项控制经济指标告知设计人员，对关键设备、工艺流程、总图方案、主要建筑和各种费用指标要提出技术经济方案选择，研究实现设计任务书中投资限额的可能性，特别要注意对投资有较大影响的因素。

2. 将施工图预算严格控制在批准的概算以内

设计单位的最终产品是施工图设计，它是工程建设的依据。设计部门在进行施工图设计的过程中，要随时控制造价、调整设计。从设计部门发出的施工图，其造价要严格控制在批准的概算以内。

3. 加强设计变更管理工作

在初步设计阶段，由于外部条件的制约和人们主观认识的局限性，往往会造成施工图设计阶段甚至施工过程中的局部修改和变更，这是使设计、建设更趋完善的正常现象，由此会引起对已经确认的概算价格的变化，这种变化在一定范围内是允许的，但必须经过核算和调整。如果施工图设计变化涉及建设规模、产品方案、工艺流程或设计方案的重大变更而使原初步设计失去指导施工图设计的意义时，必须重新编制或修改初步设计文件并重新报原审查单位审批。对于非发生不可的设计变更应尽量提前进行，以减少变更对工程造成的损失；对影响工程造价的重大设计变更，则要采取先算账后变更的办法以使工程造价得到有效控制。

第二节　设计概算的编制与审查

一、设计概算的概念与作用

（一）设计概算的概念

设计概算是以初步设计文件为依据，按照规定的程序、方法和依据，对建设项目总投资及其构成进行的概略计算。设计概算的成果文件称为设计概算书，简称设计概算。设计概算书是设计文件的重要组成部分，在报批设计文件时，必须同时报批设计概算文件。采用两个阶段设计的建设项目，初步设计阶段必须编制设计概算，采用三个阶段设计的建设项目，扩大初步设计阶段必须编制修正概算。设计概算额度控制、审批、调整应遵循国家和各省市地方政府或行业有关规定。如果设计概算值超过控制额，以至于因概算投资额度变化影响项目的经济效益，使经济效益达不到预定目标值时，必须修改设计或重新立项审批。

（二）设计概算的作用

1. 设计概算是编制固定资产投资计划，确定和控制建设项目投资的依据

国家规定，编制年度固定资产投资计划，确定计划投资总额及其构成数额，要以批准的初步设计概算为依据，没有批准的初步设计文件及其概算，建设工程就不能列入年度固定资产投资计划中。

2. 设计概算是控制施工图设计和施工图预算的依据

设计单位必须按照批准的初步设计和总概算进行施工图设计，施工图预算不得突破设计概算，如确需突破总概算时，应按规定程序报批。

3. 设计概算是衡量设计方案技术经济合理性和选择最佳设计方案的依据

设计部门在初步设计阶段要选择最佳设计方案，设计概算是从经济角度衡量设计方案经济合理性的重要依据。因此，设计概算是衡量设计方案技术经济合理性和选择最佳设计方案的依据。

4. 设计概算是编制招标限价（招标标底）和投标报价的依据

以设计概算进行招投标的工程，招标单位以设计概算作为编制招标限价（招标标底）的依据。承包单位也必须以设计概算为依据，编制投标报价，以合适的投标报价在投标竞争中取胜。

5. 设计概算是签订建设工程施工合同和贷款合同的依据

《中华人民共和国合同法》中明确规定，建设工程合同价款是以设计概算价、设计预算价为依据，且总承包合同不得超过设计总概算的投资额，银行贷款或各单项工程的拨款累计总额不能超过设计总概算，如果项目投资计划所列投资额与贷款超过设计概算时，必须查明原因，之后由建设单位报请上级主管部门调整或追加设计概算，凡未批准之前，银行对其超支部分拒不拨付。

6. 设计概算是考核建设项目投资效果的依据

通过设计概算与竣工决算对比，可以分析和考核投资效果的好坏，同时还可以验证设计概算的准确性，有利于加强设计概算管理和建设项目的造价管理工作。

二、设计概算的编制内容

设计概算文件的编制应采用单位工程概算、单项工程综合概算、建设项目总概算三级概算编制形式。当建设项目为一个单项工程时，可采用单位工程概算、建设项目总概算两

级概算编制形式。三级概算之间的相互关系和费用构成。

（一）单位工程概算

单位工程是指具有相对独立施工条件的工程。它是单项工程的组成部分。以此为对象编制的设计概算称为单位工程概算。单位工程概算分为建筑工程概算、设备及安装工程概算。

建筑工程概算包括一般土建工程概算，给水排水、采暖工程概算，通风、空调工程概算，电气、照明工程概算，弱电工程概算，特殊构筑物工程概算等。设备及安装工程概算包括机械设备及安装工程概算，电气设备及安装工程概算，热力设备及安装工程概算，工具、器具及生产家具购置费用概算等。

（二）单项工程概算

单项工程是指具有独立的设计文件、建成后可以独立发挥生产能力或具有使用效益的工程。它是建设项目的组成部分，如生产车间、办公楼、食堂、图书馆、学生宿舍、住宅楼、配水厂等。单项工程概算是确定一个单项工程（设计单元）费用的文件，是总概算的组成部分，一般只包括单项工程的工程费用。

（三）建设项目总概算

建设项目是指按一个总体规划或设计进行建设的，由一个或若干个互有内在联系的单项工程组成的工程总和，也称为基本建设项目。

建设项目总概算是以初步设计文件为依据，在单项工程综合概算的基础上计算建设项目概算总投资的成果文件。总概算是设计概算书的主要组成部分。它是由各单项工程综合概算、工程建设其他费用概算、预备费和建设期利息概算等汇总编制而成的。

若干个单位工程概算汇总后成为单项工程概算，若干个单项工程概算和工程建设其他费用、预备费、建设期利息等概算文件汇总成为建设项目总概算。单项工程概算和建设项目总概算仅是一种归纳、汇总性文件，因此最基本的计算文件是单位工程概算书。一个建设项目若仅包括一个单项工程，则建设项目总概算书与单项工程综合概算书可合并编制。

三、设计概算的编制方法

（一）单位工程概算的编制方法

单位工程概算书是概算文件的基本组成部分，是编制单项工程综合概算（或项目总概算）的依据，应根据单项工程中所属的每个单体按专业分别编制，一般分为建筑工程和设备及安装工程两大类。建筑及安装单位工程概算投资由人工费、材料费、施工机具使用费、企业管理费、利润、增值税组成。

单位工程概算应根据单项工程中所属的每个单体按专业分别编制，一般分为土建、装饰、采暖通风、给水排水、照明、工艺安装、自控仪表、通信、道路、总图竖向等专业或工程分别编制。总体而言，单位工程概算包括单位建筑工程概算和单位设备及安装工程概算两类。其中，建筑工程概算的编制方法有概算定额法、概算指标法、类似工程预算法等；设备及安装工程概算的编制方法有预算单价法、扩大单价法、设备价值百分比法和综合吨位指标法。

1. 建筑工程单位工程概算的编制方法

《建设项目设计概算编审规程》（CECA/GC 2—2015）规定，建筑工程概算应按构成单位工程的主要分部分项工程编制，根据初步设计工程量按工程所在省、市、自治区颁发的概算定额（指标）或行业概算定额（指标），以及工程费用定额计算。对通用结构建筑可采用"造价指标"编制概算；对于特殊或重要的建筑物，必须按构成单位工程的主要分部分项工程编制，必要时结合施工组织设计进行计算。在实务操作中，可视概算编制时具备的条件选用以下方法。

（1）方法一：概算定额法

概算定额法又称扩大单价法或扩大结构定额法，是套用概算定额编制建筑工程概算的方法。运用概算定额法，首先根据设计图纸资料和概算定额的项目划分计算出工程量，然后套用概算定额单价（基价）。计算汇总后，再计取有关费用，便可得出单位工程概算造价。

概算定额法适用于设计达到一定深度，建筑结构尺寸比较明确，能按照设计平面、立面、剖面图纸计算出楼地面、墙身、门窗和屋面等分部工程（或扩大分项工程或扩大结构构件）工程量的项目。这种方法编制出的概算精度较高，但是编制工作量大，需要大量的人力和物力。

利用概算定额法编制概算的步骤如下。

① 熟悉图纸，了解设计意图、施工条件和施工方法。

② 按照概算定额的分部分项顺序，列出分部工程（或扩大分项工程或扩大结构构件）的项目名称，并计算工程量。

③ 确定各分部工程项目的概算定额单价。

④ 根据分部工程的工程量和相应的概算定额单价计算人工、材料、机械费用。

⑤ 计算企业管理费、利润和增值税。

⑥ 计算单位工程概算造价。

⑦ 编写概算编制说明。单位建筑工程概算按照规定的表格形式进行编制。

（2）方法二：概算指标法

概算指标法是利用概算指标编制单位工程概算的方法，是用拟建的厂房，住宅的建筑面积（或体积）乘以技术条件相同或基本相同工程的概算指标，得出人工费、材料费、施工机具使用费合计，然后按规定计算出企业管理费、利润和增值税等，编出单位工程概算的方法。

概算指标法的适用范围是当初步设计深度不够，不能准确地计算出工程量，但工程设计技术比较成熟而又有类似工程概算指标可以利用时，可采用此方法。概算指标法主要适用于初步设计概算编制阶段的建筑物工程土建、给水排水、暖通、照明等，以及较为简单或单一的构筑工程。这类单位工程编制，计算出的费用精确度不高，往往只起到控制性作用。这是由于拟建工程（设计对象）往往与类似工程的概算指标的技术条件不尽相同，而且概算指标编制年份的设备、材料、人工等价格与拟建工程当时当地的价格也不会一样。如果想要提高精确度，需对指标进行调整。以下列举几种调整方法。

① 设计对象的结构特征与概算指标有局部差异时的调整

$$结构变化修正概算指标（元/平方米）=J+Q_1p_1-Q_2p_2 \qquad (5-6)$$

式中：J —— 原概算指标；

Q_1 —— 概算指标中换入结构的工程量；

Q_2 —— 概算指标中换出结构的工程量；

p_1 —— 换入结构的单价指标；

p_2 —— 换出结构的单价指标。

或

结构变化修正概算指标的人工、材料、机械数量＝原概算指标的人工、材料、机械数量＋换入结构件工程量×相应定额人工、材料、机械消耗量－换出结构件工程量×相应定额人工、材料、机械消耗量

② 设备、人工、材料、机械台班费用的调整

设备、人工、材料、机械台班费用＝原概算指标的设备、人工、材料、机械费用＋∑（换入设备、人工、材料、机械数量×拟建地区相应单价）－∑（换出设备、人工、材料、机械数量×原概算指标设备、人工、材料、机械单价）

以上两种方法，前者是直接修正结构构件指标单价，后者是修正结构构件指标人工、材料、机械数量。

需要特别注意的是，换入部分与其他部分可能存在因建设时间、地点、经济政策等条件不同引起的价格差异。在进行指标修正时，要消除要素价格差异的影响，保证各部分价格是同条件下的可比价格。

③ 类似工程预算法

类似工程预算法是利用技术条件相类似工程的预算或结算资料，编制拟建单位工程概算的方法。类似工程预算法适用于拟建工程设计与已完工程或在建工程的设计相类似而又没有可用的概算指标时采用，但必须对建筑结构差异和价差进行调整。建筑结构差异的调

整方法与概算指标法的调整方法相同，类似工程造价的价差调整有两种方法。

A. 类似工程造价资料有具体的人工、材料、机械台班的用量时，可按类似工程预算造价资料中的主要材料用量、工日数量、机械台班用量乘以拟建工程所在地的主要材料预算价格、人工单价、机械台班单价，计算出人工、材料、机械费用合计，再计取相关费税，即可得出所需的造价指标。

B. 类似工程预算成本包括人工费、材料费、施工机具使用费和其他费（指管理等成本支出）时，可按下面公式调整：

$$D = a \cdot K \tag{5-7}$$
$$K = a\%K_1 + b\%K_2 + c\%K_3 + d\%K_4$$

式中：D——拟建工程成本单价；

a——类似工程成本单价；

K——成本单价综合调整系数；

$a\%$，$b\%$，$c\%$，$d\%$——类似工程预算的人工费、材料费、施工机具使用费、其他费占预算造价的比重，如：$a\%$＝类似工程人工费（或工资标准）/类似工程预算造价×100%，$b\%$、$c\%$、$d\%$类同；

K_1，K_2，K_3，K_4——拟建工程地区与类似工程预算造价在人工费、材料费、施工机具使用费和其他费之间的差异系数，如：K_1＝拟建工程概算的人工费（或工资标准）/类似工程预算人工费（或地区工资标准），K_2、K_3、K_4类同。

2. 设备及安装单位工程概算的编制方法

设备及安装工程概算包括设备购置费用概算和设备安装工程费用概算两大部分。

设备购置费是根据初步设计的设备清单计算出设备原价，并汇总求出设备总原价，然后按有关规定的设备运杂费费率乘以设备总原价，两项相加即为设备购置费概算。

《建设项目设计概算编审规程》（CECA/GC 2—2015）规定，设备及安装工程概算按构成单位工程的主要分部分项工程编制，根据初步设计工程量按工程所在省、市、自治区颁发的概算定额（指标）或行业概算定额（指标），以及工程费用定额计算。当概算定额或指标不能满足概算编制要求时，应编制"补充单位估价表"。设备安装工程费概算的编制方法应根据初步设计深度和要求所明确的程度而采用，主要编制方法有以下几种。

（1）预算单价法。当初步设计较深，有详细的设备和具体满足预算定额工程量清单时，可直接按工程预算定额单价编制安装工程概算，或者对于分部分项组成简单的单位工程也可采用工程预算定额单价编制概算，编制程序与施工图预算编制程序基本相同。该方法具有计算比较具体、精确性较高之优点。

（2）扩大单价法。当初步设计深度不够，设备清单不完备，只有主体设备或仅有成套设备重量时，可采用主体设备、成套设备的综合扩大安装单价来编制概算。

（3）设备价值百分比法，又叫作安装设备百分比法。当设计深度不够，只有设备出厂价而无详细规格、重量时，安装费可按占设备费的百分比计算。其百分比值（即安装费费率）由相关管理部门制订或由设计单位根据已完工的类似工程确定。该法常用于价格波动不大的定型产品和通用设备产品，其计算公式为：

$$设备安装费＝设备原价×安装费费率（100\%）\qquad（5-8）$$

（4）综合吨位指标法。当设计文件提供的设备清单有规格和设备重量时，可采用综合吨位指标法编制概算，综合吨位指标由主管部门或由设计院根据已完工的类似工程资料确定。该法常用于设备价格波动较大的非标准设备和引进设备的安装工程概算，或者安装方式不确定，没有定额或指标的安装工程概率，其计算公式为：

$$设备安装费＝设备吨重×每吨设备安装费指标（元/吨）\qquad（5-9）$$

（二）单项工程综合概算的编制方法

1. 单项工程综合概算的含义

单项工程综合概算（以下简称综合概算）是确定一个单项工程（设计单元）费用的文件，是总概算的组成部分，只包括单项工程的工程费用。

2. 单项工程综合概算的内容

综合概算是以单项工程所属的单位工程概算为基础，采用"综合概算表"进行汇总编制而成。只包括一个单项工程的建设项目，不需要编制综合概算，可直接编制独立的总概算，按二级编制形式编制。工业建设项目综合概算表由建筑工程和设备及安装工程两大部分组成；民用工程项目综合概算表仅建筑工程一项。

（三）建设项目总概算的编制方法

1. 建设项目总概算的含义

总概算是确定一个完整建设项目概算总投资的文件（以下简称总概算），是在设计阶段对建设项目投资总额度的概算，是设计概算的最终汇总性造价文件。一般来说，一个完整的建设项目应按三级编制设计概算（即：单位工程概算→单项工程综合概算→建设项目总概算）。对于建设单位仅增建一个单项工程项目时，可不需要编制综合概算，直接编制总概算，也就是按二级编制设计概算（即：单位工程概算→单项工程总概算）。

2. 建设项目总概算的内容

总概算文件应包括编制说明、总概算表、各单项工程综合概算书、工程建设其他费用概算表、主要建筑安装材料汇总表。独立装订成册的总概算文件宜加封面、签署页（扉页）和目录。

（1）编制说明。编制说明一般应包括以下主要内容。

① 项目概况：简述建设项目的建设地点、设计规模、建设性质（新建、扩建或改建）、工程类别、建设期（年限）、主要工程内容、主要工程量、主要工艺设备及数量等。

② 主要技术经济指标：项目概算总投资（有引进技术设备的，给出所需外汇额度）

及主要分项投资、主要技术经济指标（主要单位投资指标）等。

③ 资金来源：按资金来源不同渠道分别说明，发生资产租赁的要说明租赁方式及租金。

④ 编制依据：说明概算主要编制依据。

⑤ 其他需要说明的问题。

⑥ 总说明附表（包括建筑、安装工程费用计算程序表、引进设备材料清单及从属费用计算表、具体建设项目概算要求的其他附表及附件）。

编制说明应针对具体项目的独有特征进行阐述，编制依据应不与国家法律法规和各级政府部门、行业颁发的规定制度相矛盾，应符合现行的金融、财务、税收制度，应符合国家或项目建设所在地政府经济发展政策和规划；编制说明还应对概算存在的问题和一些其他相关的问题进行说明，比如不确定因素、没有考虑的外部衔接等问题。

（2）总概算表。采用三级概算编制形式的总概算见表5-2，采用二级概算编制形式的总概算见表5-3。

表5-2　总概算表（三级概算编制形式）

总概算编号：＿＿＿＿＿＿＿＿　工程名称（单项工程）：＿＿＿＿＿＿　单位：万元　共＿＿＿页　第＿＿＿页

序号	概算编号	工程项目或费用名称	建筑工程费	设备购置费	安装工程费	其他费用	合计	其中：引进部分		占总投资比例（％）
								美元	折合人民币	
一		工程费用								
1		主要工程								
		×××								
		×××								
2		辅助工程								
		×××								
3		配套工程								
二		其他费用								
1		×××								
2		×××								
三		预备费								
四		专项费用								
1		×××								
2		×××								
		建设工程概算总投资								

编制人：＿＿＿＿＿＿＿　审核人：＿＿＿＿＿＿＿　审定人：＿＿＿＿＿＿＿

表5-3　总概算表（二级概算编制形式）

总概算编号：＿＿＿＿＿＿　工程名称（单项工程）：＿＿＿＿＿＿　单位：万元　共＿＿页　第＿＿页

序号	概算编号	工程项目或费用名称	设计规模或主要工程量	建筑工程费	设备购置费	安装工程费	其他费用	合计	其中：引进部分		占总投资比例（%）
									美元	折合人民币	
一		工程费用									
1		主要工程									
		×××									
		×××									
2		辅助工程									
		×××									
3		配套工程									
		×××									
二		其他费用									
1		×××									
2		×××									
三		预备费									
四		专项费用									
1		×××									
2		×××									
		建设工程概算总投资									

编制人：＿＿＿＿＿＿　审核人：＿＿＿＿＿＿　审定人：＿＿＿＿＿＿

编制时需注意以下几点。

① 工程费用按单项工程综合概算组成编制，采用二级概算编制的按单位工程概算组成编制。市政民用建设项目一般排列顺序：主体建（构）筑物、辅助建（构）筑物、配套系统。工业建设项目一般排列顺序：主要工艺生产装置、辅助工艺生产装置、公用工程、总图运输、生产管理服务性工程、生活福利工程和厂外工程。

② 其他费用一般按其他费用概算顺序列项。它主要包括建设用地费、建设管理费、勘察设计费、可行性研究费、环境影响评价费、劳动安全卫生评价费、场地准备及临时设施费、工程保险费、联合试运转费、生产准备及开办费、特殊设备安全监督检验费、市政公用设施建设及绿化补偿费、引进技术和引进设备材料其他费、专利及专有技术使用费、研究试验费等。

③ 预备费包括基本预备费和涨价预备费。基本预备费以总概算第一部分"工程费用"

和第二部分"其他费用"之和为基数的百分比计算。

④ 应列入项目概算总投资中的几项费用一般包括建设期利息、铺底流动资金、固定资产投资方向调节税（暂停征收）等。

四、设计概算文件的组成

设计概算文件是设计文件的组成部分，概算文件编制成册应与其他设计技术文件统一。目录、表格的填写要求概算文件的编号层次分明、方便查找（总页数应编流水号），由分到合、一目了然。概算文件的编制形式，视项目的功能、规模、独立性程度等因素决定采用三级概算编制（总概算、综合概算、单位工程概算）还是二级概算编制（总概算、单位工程概算）形式。对于采用三级概算编制形式的设计概算文件，一般由封面、签署页及目录、编制说明、总概算表、工程建设其他费用表、单位工程概算表、综合概算表、概算综合单价分析表、附件（其他表）组成总概算册；视情况由封面、单项工程综合概算表、单位工程概算表、附件组成各概算分册；对于采用二级编制形式的设计概算文件，一般由封面、签署页及目录、编制说明、总概算表、工程建设其他费用表、单位工程概算表、综合单价分析表、附件（其他表）组成，可将所有概算文件组成一册。概算文件及各种表格格式详见中国建设工程造价管理协会标准《建设项目设计概算编审规程》（CECA/GC 2—2015）。

五、设计概算的审查

（一）审查设计概算的意义

（1）审查设计概算有利于合理分配投资资金，加强投资计划管理，有助于合理确定和有效控制工程造价。设计概算编制偏高或偏低，不仅影响工程造价的控制，还会影响投资计划的真实性，影响投资资金的合理分配。

（2）审查设计概算有利于促进概算编制单位严格执行国家有关概算的编制规定和费用标准，从而提高概算的编制质量。

（3）审查设计概算有利于促进设计的技术先进性与经济合理性。概算中的技术经济指标，是概算的综合反映，与同类工程相比，便可看出它的先进与合理程度。

（4）审查设计概算有利于核定建设项目的投资规模，可以使建设项目总投资力求做到准确、完整，防止任意扩大投资规模或出现漏项，从而减少投资缺口，缩小概算与预算之间的差距，避免故意压低概算投资，搞"钓鱼"项目，最后导致实际造价大幅度突破概算。

（5）审查设计概算有利于为建设项目投资的落实提供可靠的依据。备足投资，不留缺口，有助于提高建设项目的投资效益。

（二）设计概算的审查内容

1. 审查设计概算的编制依据

（1）审查编制依据的合法性

采用的各种编制依据必须经过国家和授权机关的批准，符合国家有关的设计概算编制规定，未经批准的不能采用。不能强调情况特殊，擅自提高概算定额、指标或费用标准。

（2）审查编制依据的时效性

各种依据，如定额、指标、价格、取费标准等，都应根据国家有关部门的现行规定进行，注意有无调整或新的规定，如有调整或新的规定，应按新的调整规定执行。

（3）审查编制依据的适用范围

各种编制依据都有规定的适用范围，如各主管部门规定的各种专业定额及其取费标准，只适用于该部门的专业工程；各地区规定的各种定额及其取费标准，只适用于该地区范围内，特别是地区的材料预算价格区域性更强，如某市有该市区的材料预算价格，又编制了郊区内一个矿区的材料预算价格，在编制该矿区某工程概算时，应采用该矿区的材料预算价格。

2. 审查概算编制深度

（1）审查编制说明。审查编制说明可以检查概算的编制方法、深度和编制依据等重大原则问题，若编制说明有差错，具体概算必有差错。

（2）审查概算编制深度。一般大中型项目的设计概算，应有完整的编制说明和"三级概算"（即总概算表、单项工程综合概算表、单位工程概算表），并按有关规定的深度进行编制。审查是否有符合规定的"三级概算"，各级概算的编制、核对、审核是否按规定签署，有无随意简化，有无把"三级概算"简化为"二级概算"。

（3）审查概算的编制范围。审查概算的编制范围及具体内容是否与主管部门批准的建设项目范围及具体工程内容一致；审查分期建设项目的建筑范围及具体工程内容有无重复交叉，是否重复计算或漏算；审查其他费用应列的项目是否符合规定，静态投资、动态投资和经营性项目铺底流动资金是否分别列出等。

3. 审查概算的内容

（1）审查概算的编制是否符合国家的方针、政策，是否根据工程所在地的自然条件编制。

（2）审查建设规模（投资规模、生产能力等）、建设标准（用地指标、建筑标准等）、配套工程、设计定员等是否符合原批准的可行性研究报告或立项批文的标准。对总概算投资超过批准投资估算10％以上的，应查明原因，重新上报审批。

（3）审查编制方法、计价依据和程序是否符合现行规定，包括定额或指标的适用范围和调整方法是否正确；补充定额或指标的项目划分、内容组成、编制原则等是否与现行的定额精神一致等。

(4) 审查工程量是否正确，工程量的计算是否根据初步设计图纸、概算定额、工程量计算规则和施工组织设计的要求进行，有无多算、重算和漏算，尤其对工程量大，造价高的项目要重点审查。

(5) 审查材料用量和价格，审查主要材料（钢材、木材、水泥、砖）的用量数据是否正确，材料预算价格是否符合工程所在地的价格水平，材料价差调整是否符合现行规定及其计算是否正确等。

(6) 审查设备规格、数量和配置是否符合设计要求，是否与设备清单相一致，设备预算价格是否真实，设备原价和运杂费的计算是否正确，非标准设备原价的计价方法是否符合规定，进口设备的各项费用的组成及其计算程序、方法是否符合国家主管部门的规定。

(7) 审查建筑安装工程的各项费用的计取是否符合国家或地方有关部门的现行规定，计算程序和取费标准是否正确。

(8) 审查综合概算、总概算的编制内容、方法是否符合现行规定和设计文件的要求，有无设计文件外项目，有无将非生产性项目以生产性项目列入。

(9) 审查总概算文件的组成内容，是否完整地包括建设项目从筹建到竣工投产为止的全部费用组成。

(10) 审查工程建设其他费用项目。工程建设其他费用项目费用内容多、弹性大，占项目总投资15%～25%，要按国家和地区规定逐项审查，不属于总概算范围的费用项目不能列入概算，具体费率或计取标准是否按国家、行业有关部门规定计算，有无随意列项、多列、交叉计列和漏项等。

(11) 审查项目的"三废"治理。拟建项目必须同时安排"三废"（废水、废气、废渣）的治理方案和投资，对于未做安排或漏项或多算、重算的项目，要按国家有关规定核实投资，以满足"三废"排放达到国家标准。

(12) 审查技术经济指标。技术经济指标计算方法和程序是否正确，综合指标和单项指标与同类型工程指标相比，是偏高还是偏低，其原因是什么，并给予纠正。

(13) 审查投资经济效果。设计概算是初步设计经济效果的反映，要按照生产规模、工艺流程、产品品种和质量，从企业的投资效益和投产后的运营效益全面分析，是否达到了先进可靠、经济合理的要求。

(三) 审查设计概算的方法

1. 对比分析法

对比分析法主要是通过建设规模、标准与立项批文对比，工程数量与设计图纸对比，综合范围、内容与编制方法、规定对比，各项取费与规定标准对比，材料、人工单价与统一信息对比，引进设备、技术投资与报价要求对比，技术经济指标与同类工程对比等，发现设计概算存在的主要问题和偏差。

2. 查询核实法

查询核实法是对一些关键设备和设施、重要装置、引进工程图纸不全、难以核算的较大投资进行多方查询核对，逐项落实的方法。主要设备的市场价向设备供应部门或招标公司查询核实，重要生产装置、设施向同类企业（工程）查询了解，引进设备价格及有关税费向进出口公司调查落实，复杂的建筑安装工程向同类工程的建设、承包、施工单位征求意见，深度不够或不清楚的问题直接同原概算编制人员、设计者询问清楚。

3. 联合会审法

联合会审前，可先采取多种形式分头审查，包括设计单位自审，主管、建设、承包单位初审，工程造价咨询公司评审，邀请同行专家预审，审批部门复审等，经层层审查把关后，由有关单位和专家进行联合会审。在会审大会上，首先由设计单位介绍概算编制情况及有关问题，各有关单位、专家汇报初审、预审意见，然后进行认真分析、讨论，结合对各专业技术方案的审查意见所产生的投资增减，逐一核实原概算出现的问题。经过充分协商，认真听取设计单位意见后，实事求是地处理和调整。

对审查中发现的问题和偏差，首先按照单位工程概算、综合概算、总概算的顺序，按设备费、安装费、建筑费和工程建设其他费用分类整理。然后按照静态投资、动态投资和铺底流动资金三大类，汇总核增或核减的项目及其投资额。最后将具体审核数据，按照"原编概算""增减投资""增减幅度""调整原因"四栏列表，并按照原总概算表汇总顺序，将增减项目逐一列出，相应调整所属项目投资合计，再依次汇总审核后的总投资及增减投资额。对于差错较多、问题较大或不能满足要求的，责成编制单位按审查意见修改后，重新报批。

六、设计概算的批准和调整

（一）设计概算的批准

经审查合格后的设计概算提交审批部门复核，复核无误后就可以批准，一般以文件的形式正式下达审批概算。审批部门应具有相应的权限，按照国家、地方政府或者行业主管部门规定，不同的部门具有不同的审批权限。

（二）设计概算的调整

设计概算批准后，一般不得调整。但由于以下三个原因引起的设计和投资变化可以调整概算，但要严格按照调整概算的有关程序执行。

（1）超出原设计范围的重大变更。凡涉及建设规模、产品方案、总平面布置、主要工艺流程、主要设备型号规格、建筑面积、设计定员等方面的修改，必须由原批准立项单位认可，原设计审批单位复审，经复核批准后方可变更。

（2）超出基本预备费规定范围，不可抗拒的重大自然灾害引起的工程变动或费用增加。

（3）超出工程造价调整预备费，属国家重大政策性变动因素引起的调整。

由于上述原因需要调整概算时，应当由建设单位调查分析变更原因报主管部门，审批同意后，由原设计单位核实编制调整概算，并按有关审批程序报批。由于设计范围的重大变更而需调整概算时，还需要重新编制可行性研究报告，经论证评审可行审批后，才能调整概算。建设单位（项目业主）自行扩大建设规模、提高建设标准等而增加费用则不予调整。

需要调整概算的工程项目，影响工程概算的主要因素已经清楚，工程量完成了一定量后方可进行调整，一项工程只允许调整一次概算。

调整概算编制深度与要求、文件组成及表格形式同原设计概算，调整概算还应对工程概算调整的原因做详尽的分析说明，所调整的内容在调整概算总说明中要逐项与原批准概算对比，并编制调整前后概算对比表，分析主要变更原因；当调整变化内容较多时，调整前后概算对比表，以及主要变更原因分析应单独成册，也可以与设计文件调整原因分析一起编制成册。在上报调整概算时，应同时提供原设计的批准文件、重大设计变更的批准文件、工程已发生的主要影响工程投资的设备和大宗材料采购合同等依据作为调整概算的附件。

第三节　施工图预算的编制与审查

一、施工图预算的概念与作用

（一）施工图预算的概念

施工图预算是以施工图设计文件为依据，按照规定的程序、方法和依据，在工程施工对工程项目的工程费用进行的预测与计算。施工图预算的成果文件称作施工图预算书，简称施工图预算。

（二）施工图预算的作用

一般的建筑安装工程均是以所采用的设计方案的施工图预算确定工程造价，并以此开展招标投标、签约施工合同和结算工程价款。它对建设工程各方有着不同的目的和作用。

1. 施工图预算对设计方的作用

对设计单位而言，通过施工图预算来检验设计方案的经济合理性。其作用如下。

（1）根据施工图预算进行控制投资。根据工程造价的控制要求，施工图预算不得超过设计概算，设计单位完成施工图设计后一般要将施工图预算与设计概算对比、突破概算时要决定该设计方案是否实施或需要修正。

(2) 根据施工图预算调整、优化设计。设计方案确定后一般以施工图预算经济指标，通过对设计方案进行技术经济分析与评价，寻求进一步调整、优化设计方案。

2. 施工图预算对投资方的作用

对投资单位而言，通过施工图预算控制工程投资，其作用如下。

(1) 施工图预算是设计阶段控制工程造价的重要环节，是控制工程投资不突破设计概算的重要措施。

(2) 施工图预算是控制造价及资金合理使用的依据。投资方按施工图预算造价筹集建设资金，合理安排建设资金计划，确保建设资金的有效使用，保证项目建设顺利进行。

(3) 施工图预算是确定工程招标限价（或标底）的依据。建筑安装工程的招标限价（或标底）可按照施工图预算来确定。招标限价（或标底）通常是在施工图预算的基础上考虑工程的特殊施工措施、工程质量要求、目标工期、招标工程范围以及自然条件等因素进行编制的。

(4) 施工图预算可以作为确定合同价款、拨付工程进度款及办理工程结算的基础。

3. 施工图预算对施工方的作用

对施工方而言，通过施工图预算进行工程投标和控制分包工程合同价格。其作用如下。

(1) 施工图预算是投标报价的基础。在激烈的建筑市场竞争中，建筑施工企业需要根据施工图预算，结合企业的投标策略，确定投标报价。

(2) 施工图预算是建筑工程预算包干的依据和签订施工合同的主要内容。施工方通过与建设方协商，可在施工图预算的基础上，考虑设计或施工变更后可能发生的费用与其他风险因素，增加一定系数作为工程造价一次性包干价。同样，施工方与建设方签订施工合同时，其中工程价款的相关条款也必须以施工图预算为依据。

(3) 施工图预算是安排调配施工力量、组织材料设备供应的依据。施工企业在施工前，可以根据施工图预算的工、料、机分析，编制资源计划，组织材料、机具、设备和劳动力供应，并编制进度计划，统计完成的工作量，进行经济核算并考核经营成果。

(4) 施工图预算是控制工程成本的依据。根据施工图预算确定的中标价格是施工方收取工程款的依据，企业只有合理利用各项资源，采取先进技术和管理方法，将成本控制在施工图预算价格以内，才能获得良好的经济效益。

(5) 施工图预算是进行"两算"对比的依据。可以通过施工预算与施工图预算对比分析，找出施工成本偏差过大的分部分项工程，调整施工方案，降低施工成本。

4. 施工图预算对其他有关方的作用

(1) 对于造价咨询企业而言，客观、准确地为委托方作出施工图预算，不仅体现出企业的技术和管理水平、能力，而且能够保证企业信誉、提高企业市场竞争力。

（2）对于工程项目管理、监理等中介服务企业而言，客观准确的施工图预算是为业主方提供投资控制咨询服务的依据。

（3）对于工程造价管理部门而言，施工图预算是监督、检查定额标准执行情况，测算造价指数以及审定工程招标限价（或标底）的重要依据。

（4）如在履行合同的过程中发生经济纠纷，施工图预算还是有关仲裁、管理、司法机关，按照法律程序处理、解决问题的依据。

二、施工图预算的编制内容及编制依据

（一）编制内容

施工图预算分为单位工程施工图预算、单项工程施工图预算和建设项目总预算。单位工程施工图预算，简称单位工程预算，是根据施工图设计文件、现行预算定额、单位估价表、费用定额以及人工、材料、设备、机械台班等预算价格资料，以单位工程为对象编制的建筑安装工程费用施工图预算；以单项工程为对象，汇总所包含的各个单位工程施工图预算，成为单项工程施工图预算（简称单项工程预算）；再以建设项目为对象，汇总所包含的各个单项工程施工图预算和工程建设其他费用估算，形成最终的建设项目总预算。

单位工程预算包括建筑工程预算和设备安装工程预算。建筑工程预算按其工程性质分为一般土建工程预算、装饰装修工程预算、给水排水工程预算、采暖通风工程预算、煤气工程预算、电气照明工程预算、弱电工程预算、特殊构筑物如炉窑等工程预算和工业管道工程预算等。设备安装工程预算可分为机械设备安装工程预算、电气设备安装工程预算和热力设备安装工程预算等。

（二）编制依据

施工图预算的编制依据包括以下几个方面。

（1）国家、行业和地方政府主管部门颁布的有关工程建设和造价管理的法律、法规和规定。

（2）经过批准和会审的施工图设计文件，包括设计说明书、设计图纸及采用的标准图、图纸会审纪要、设计变更通知单及经建设主管部门批准的设计概算文件。

（3）工程地质、水文、地貌、交通、环境及标高测量等勘察、勘测资料。

（4）《建设工程工程量清单计价规范》（GB 50500—2013）和专业工程工程量计算规范或预算定额（单位估价表）、地区材料市场与预算价格等相关信息以及颁布的人工、材料、机械预算价格，工程造价信息，取费标准，政策性调价文件等。

（5）当采用新结构、新材料、新工艺、新设备而定额缺项时，按规定编制的补充预算定额，也是编制施工图预算的依据。

（6）合理的施工组织设计和施工方案等文件。

（7）招标文件、工程合同或协议书。它明确了施工单位承包的工程范围，应承担的责任、权利和义务。

（8）项目有关的设备和材料的供应合同、价格及相关说明书。

（9）项目的技术复杂程度，以及新技术、专利使用情况等。

（10）项目所在地区有关的全年季节性气候分布和最高最低气温、最大降雨降雪和最大风力等气象条件。

（11）项目所在地区有关的经济、人文等社会条件。

（12）预算工作手册、常用的各种数据、计算公式、材料换算表、常用标准图集及各种必备的工具书。

三、施工图预算的编制方法

（一）施工图预算的编制方法综述

施工图预算是按照单位工程→单项工程→建设项目逐级编制和汇总的，所以施工图预算编制的关键在于单位工程施工图预算。

施工图预算的编制可以采用工料单价法和综合单价法。工料单价法是指分部分项工程的工、料、机单价，以分部分项工程量乘以对应工料单价汇总后另加企业管理费、利润、税金生成单位工程施工图预算造价。按照分部分项工程单价产生的方法不同，工料单价法又可以分为预算单价法和实物量法。而综合单价法是适应市场经济条件的工程量清单计价模式下的施工图预算编制方法。

（二）实物量法

用实物量法编制单位工程施工图预算，就是根据施工图计算的各分项工程量分别乘以地区定额中人工、材料、施工机械台班的定额消耗量，分类汇总得出该单位工程所需的全部人工、材料、施工机械台班消耗数量，然后再乘以当时当地人工工日单价、各种材料单价、施工机械台班单价，求出相应的人工费、材料费、施工机具使用费。企业管理费、利润及增值税等费用计取方法与预算单价法相同。

单位工程直接工程费的计算可以按照以下公式计算：

$$人工费＝综合工日消耗量×综合工日单价$$

$$材料费＝\sum（各种材料消耗量×相应材料单价）$$

$$施工机具使用费＝\sum（各种机械消耗量×相应机具台班单价）$$

实物量法的优点是能比较及时地将各种材料、人工、机械的当时当地市场单价计入预算价格，不需调价，反映当时当地的工程价格水平。

实物量法编制施工图预算的基本步骤如下。

（1）编制前的准备工作。具体工作内容同预算单价法相应步骤的内容。但此时要全面收集各种人工、材料、机械台班的当时当地的市场价格，应包括不同品种、规格的材料预算单价，不同工种、等级的人工工日单价，不同种类、型号的施工机械台班单价等。要求获得的各种价格应全面、真实、可靠。

（2）熟悉图纸等设计文件和预算定额。

（3）了解施工组织设计和施工现场情况。

（4）划分工程项目和计算工程量。

（5）套用定额消耗量，计算人工、材料、机械台班消耗量。根据地区定额中人工、材料、施工机械台班的定额消耗量，乘以各分项工程的工程量，分别计算出各分项工程所需的各类人工工日数量、各类材料消耗数量和各类施工机械台班数量。

（6）计算并汇总单位工程的人工费、材料费和施工机械台班费。在计算出各分部分项工程的各类人工工日数量、材料消耗数量和施工机械台班数量后，先按类别相加汇总求出该单位工程所需的各种人工、材料、施工机械台班的消耗数量，再分别乘以当时当地相应人工、材料、施工机械台班的实际市场单价，即可求出单位工程的人工费、材料费、机械使用费。

（7）计算其他费用，汇总工程造价。对于企业管理费、利润和增值税等费用的计算，可以采用与预算单价法相似的计算程序，只有有关费率是根据当时当地建设市场的供求情况予以确定的。将人工费、材料费、施工机具使用费、企业管理费、利润和增值税等汇总即形成单位工程预算造价。

四、施工图预算的文件组成

施工图预算文件应由封面、签署页及目录、编制说明、建设项目总预算表、其他费用计算表、单项工程综合预算表、单位工程预算表等组成。

编制说明一般包括以下几个方面的内容。

（一）编制依据

编制依据包括本预算的设计文件全称、设计单位，所依据的定额名称，在计算中所依据的其他文件名称和文号，施工方案主要内容等。

（二）图纸变更情况

图纸变更情况包括施工图中变更部位和名称，因某种原因变更处理的构部件名称；因涉及图纸会审或施工现场所需要说明的有关问题。

（三）执行定额的有关问题

执行定额的有关问题，包括按定额要求本预算已考虑和未考虑的有关问题；因定额缺项，本预算所作补充或借用定额情况说明；甲乙双方协商的有关问题。

总预算表、其他费用计算表、单项工程综合预算表、单位工程预算表等组成格式可参见设计概算。

五、施工图预算的审查

（一）审查施工图预算的意义

施工图预算编制完成之后，需要认真进行全面、系统的审查。施工图审查的意义如下。

（1）有利于合理确定和有效控制工程造价，克服和防止预算超概算现象发生。

（2）有利于加强固定资产投资管理，合理使用建设资金。

（3）有利于施工承包合同价的合理确定和控制。因为施工图预算对于招标工程，它是编制招标控制价、投标报价、签订工程承包合同价、结算合同价款的基础。

（4）有利于积累和分析各项技术经济指标，不断提高设计水平。通过审查工程预算，核实了预算价值，为积累和分析技术经济指标提供了准确数据，进而通过有关指标的比较，找出设计中的薄弱环节，以便及时改进，不断提高设计水平。

（二）审查施工图预算的内容

施工图预算的审查工作应从工程量计算、预算定额套用、设备材料预算价格取定等是否正确，各项费用标准是否符合现行规定，采用的标准规范是否合理，施工组织设计及施工方案是否合理等几个方面进行。

1. 审查工程量

工程量是施工图预算的基础，也是施工图预算审查起点。按照施工图预算编制所依据的工程量计算规则，逐项审查各分部分项工程、单价措施项目工程量计算的正确性和准确性。

2. 审查设备、材料的预算价格

设备、材料费用是施工图预算造价中所占比重最大的部分，一般占 50%～70%，市场上同种类设备或材料价格差别往往较大，应当重点审查。

（1）审查设备、材料的预算价格是否符合工程所在地的真实价格及价格水平。若是采用市场价，要核实其真实性、可靠性；若是采用有关部门公布的信息价，要注意信息价的时间、地点是否符合要求，是否要按规定调整等。

（2）审查设备、材料的原价确定方法是否正确。订制加工的设备或材料在市场上往往没有价格参考，要通过计算确定其价格，因此要审查价格确定方法是否正确，如对于非标准设备，要对其原价的计价依据和方法是否正确、合理进行审查。

（3）审查设备、材料的运杂费率及其运杂费的计算是否正确。预算价格的各项费用的计算方法是否符合规定，计算结果是否正确，引进设备和材料的从属费用计算是否合理、

正确。

3．审查预算单价的套用

审查预算单价套用是否正确，应注意以下几个方面。

（1）审查各分部分项工程采用的预算单价是否与现行预算定额的预算单价相符，其名称、规格、计量单位和所包括的工程内容是否与设计中分部分项工程要求一致。

（2）审查换算的单价，首先要审查换算的分项工程是否是定额中允许换算的，其次要审查换算方法和结果是否正确。

（3）审查补充定额和单位估价表的编制是否符合编制原则，单位估价表计算是否正确。补充定额和单位估价表是预算定额的重要补充，同时最容易产生偏差，因此要加强其审查工作。

4．审查有关费用项目及其取值

有关费用项目计取的审查要注意以下几个方面。

（1）措施费的计算是否符合有关的规定标准，企业管理费和利润的计取基础是否符合现行规定，有无不能作为计费基础的费用列入计费的基础。

（2）预算外调增的材料差价是否计取了企业管理费。人工费增减后，有关费用是否相应做了调整。

（3）有无巧立名目，乱计费、乱摊费用现象。

（三）审查施工图预算的方法

审查施工图预算的方法较多，主要有全面审查法、标准预算审查法、分组计算审查法、对比审查法、筛选审查法、重点抽查法、利用手册审查法、分解对比审查法等。

1．全面审查法

全面审查法又叫逐项审查法，就是按预算定额顺序或施工的先后顺序，逐项全部进行审查的方法。其具体计算方法和审查过程与编制施工图预算基本相同。此方法的优点是全面、细致，经审查的工程预算差错比较少，质量比较高；缺点是工作量大。因而在一些工程量比较小、工艺比较简单的工程，编制工程预算的技术力量又比较薄弱的，采用全面审查法的相对较多。

2．标准预算审查法

标准预算审查法是指对于采用标准图纸或通用图纸施工的工程，先集中力量编制标准预算，然后以此为标准审查预算的方法。按标准图纸设计或通用图纸施工的工程，预算编制和造价基本相同，可集中力量细审一份预算或编制一份预算，作为这种标准图纸的标准预算，或用这种标准图纸的工程量为标准，对照审查，面对局部不同部分作单独审查即可。这种方法的优点是时间短、效果好；缺点是只适应按标准图纸设计的工程，适用范围小，具有局限性。

3. 分组计算审查法

分组计算审查法是一种加快审查工程量速度的方法，把预算中的项目划分为若干组，并把相邻且有一定内在联系的项目编为一组，审查或计算同一组中某个分项工程量，利用工程量之间具有相同或相似计算基础的关系，判断同组中其他几个分项工程量计算的准确程度的方法。

4. 对比审查法

对比审查法是用已建工程的预算或虽未建成但已通过审查的工程预算，对比审查拟建工程预算的一种方法。这种方法一般适用于以下几种情况。

（1）拟建工程和已建工程采用同一套设计施工图，但基础部分及现场条件不同，则拟建工程除基础外的上部工程部分可采用与已建工程上部工程部分对比审查的方法。基础部分和现场条件不同部分采用其他方法进行审查。

（2）拟建工程和已建工程采用形式和标准相同的设计施工图，仅建筑面积规模不同。根据两项工程建筑面积之比与两项工程分部分项工程量之比基本一致的特点，可查拟建工程各分部分项工程的工程量，或者用两项工程每平方米建筑面积造价或每平方米建筑面积的各分部分项工程量进行对比审查，如果基本相同时，说明拟建工程预算是正确的，反之，说明拟建工程预算有问题，找出差错原因并加以更正。

（3）拟建工程和已建工程的面积规模、建筑标准相同，但部分工程内容设计不同时，可把相同的部分，如厂房中的柱子、房架、屋面、砖墙等，进行工程量的对比审查，因设计不同而不能直接对比的部分工程按图纸计算。

5. 筛选审查法

建筑工程虽然有建筑面积和高度的不同，但是它们的各个分部分项工程的工程量、造价、用工量在每个单位面积上的数值变化不大，把这些数据加以汇集、优选，归纳为工程量、造价（价值）、用工三个单位面积基本数据分析表，并注明其适用的建筑标准。这些基本值犹如"筛子孔"，用来筛选各分部分项工程，筛下去的就不审查了，没有筛下去的就意味着此分部分项的单位建筑面积数值不在基本数值范围之内，应对该分部分项工程详细审查。

筛选审查法的优点是简单易懂，便于掌握，审查速度和发现问题快，但解决差错、分析其原因需继续审查。

6. 重点抽查法

选择工程结构复杂、工程量大或造价高的工程，重点审查其工程量、单价构成、各项费用计费基础及标准等。该方法的优点是重点突出，审查时间短、效果好。

7. 利用手册审查法

把工程中常用的构件、配件，事先整理成预算手册，按手册对照审查。如工程常用的预制构配件、梁板、检查井、化粪池等，几乎每个工程都有，把这些内容按标准图集计算出工程量，套上单价，编制成预算手册使用，利用这些手册对新建工程进行对照审查，可大大简化预结算的编审工作。

8. 分解对比审查法

首先将拟建工程按人工费、材料费、施工机具使用费与企业管理费等进行分解，然后再把人工费、材料费、施工机具使用费按工种和分部工程进行分解，分别与审定的标准预算进行对比分析，这种方法叫作分解对比审查法。分解对比审查法一般有如下三个步骤：

第一步，全面审查某种建筑的定型标准施工图或复用施工图的工程预算，经审定后作为审查其他类似工程预算的对比基础。而且将审定预算按人工费、材料费、施工机具使用费与应取费用分解成两个部分，再把人工费、材料费、施工机具使用费分解为各工种工程和分部工程预算。

第二步，把待审的工程预算与同类型预算单位面积造价进行对比，若出入不在允许范围内，再按分部分项工程进行分解，边分解边对比，对出入较大者进一步深入审查。

第三步，对比审查。

（1）经分析对比，如发现应取费用相差较大，应考虑建设项目的投资来源和工程类别及其取费项目、取费标准是否符合现行规定；若材料调价相差较大，则应进一步审查材料调价统计表，将各种调价材料的用量、单位差价及其调增数量等进行对比。

（2）经过分解对比，如发现某项工程预算价格出入较大，首先审查差异出现机会较大的项目。然后，再对比其余各个分部工程，发现某一分部工程预算价格相差较大时，再进一步对比各分项工程或工程细目。在对比时，先检查所列工程细目是否正确，预算价格是否一致。发现相差较大者，再进一步审查所套预算单价，最后审查该项工程细目的工程量。

（四）施工图预算的批准

经审查合格后的施工图预算提交审批部门复核，复核无误后就可以批准，一般以文件的形式正式下达审批预算。与设计概算的审批不同，施工图预算的审批虽然要求审批部门应具有相应的权限，但其严格程度较低些。

第六章

项目招投标阶段的造价管理

第一节　招标文件的组成内容及其编制要求

招标文件是指导整个招标投标工作全过程的纲领性文件。按照《中华人民共和国招标投标法》（以下简称《招标投标法》）的规定，招标文件应当包括招标项目的技术要求、对投标人资格审查的标准、投标报价要求和评标标准等所有实质性要求和条件，以及拟签合同的主要条款。建设项目施工招标文件是由招标人编制、发布的，招标文件中提出的各项要求，对整个招标工作乃至发包、承包双方都具有约束力。因此，招标文件的编制及其内容必须符合有关法律法规的规定。

一、施工招标文件的编制内容

《中华人民共和国房屋建筑和市政工程标准施工招标文件》（以下简称《标准施工招标文件》）中规定招标文件组成如下。

（一）招标公告（或投标邀请书）

当未进行资格预审时，应采用招标公告的方式，招标公告的发布应当充分公开，任何单位和个人不得非法限制招标公告的发布地点和发布范围。指定媒介发布依法必须发布的招标公告，不得收取费用。

招标公告的内容主要包括以下几项。

（1）招标人名称、地址、联系人姓名、电话。委托代理机构进行招标的，还应注明该机构的名称和地址。

（2）工程情况简介，包括项目名称、建筑规模、工程地点、结构类型、装修标准、质量要求、工期要求。

（3）承包方式，材料、设备供应方式。

（4）对投标人资质的要求及应提供的有关文件。

（5）招标日程安排。

（6）招标文件的获取办法，包括发售招标文件的地点、文件的售价及开始和截止出售的时间。

（7）其他要说明的问题。当进行资格预审时，应采用投标邀请书的方式。邀请书内容包括招标条件、项目概况与招标范围、投标人资格要求、招标文件的获取、投标文件的递交和确认、联系方式等。该邀请书可代替资格预审通过通知书，以明确投标人已具备了在某具体项目标段的投标资格。

（二）投标人须知

投标人须知是依据相关的法律法规，结合项目和业主的要求，对招标阶段的工作程序进行安排，对招标方和投标方的责任、工作规则等进行约定的文件。投标人须知常常包括投标人须知前附表和正文部分。

投标人须知前附表用于进一步明确正文中的未尽事宜，由招标人根据招标项目具体特点和实际需要来编制和填写，但是必须与招标文件中的其他内容相衔接，并且不得与正文内容矛盾，否则，内容无效。

投标人须知正文部分内容如下。

1. 总则

总则包括以下内容：项目的概况、资金的情况、招标的范围、计划工期和项目的质量要求；对投标资格的要求以及是否接受联合体投标和对联合体投标的要求；是否组织踏勘现场和投标预备会，组织的时间和费用的承担等的说明；是否允许分包以及分包的范围；是否允许投标文件偏离招标文件的某些要求，允许偏离的范围和要求等。

2. 招标文件

投标人须知：要说明招标文件发售的时间、地点，招标文件的澄清和说明。

(1) 招标文件发售的时间不得少于 5 个工作日，发售的地点应是详细的地址，如××市××路××大厦××房间，不能简单地说××单位的办公楼。

(2) 投标人应仔细阅读和检查招标文件的全部内容。如发现缺页或附件不全，应及时向招标人提出，以便补齐。如有疑问，应在投标人须知前附表规定的时间前以书面形式（包括信函、电报、传真等可以有形地表现所载内容的形式）要求招标人对招标文件予以澄清。招标文件的澄清将在投标人须知前附表规定的投标截止时间 15 天前以书面形式发给所有购买招标文件的投标人，但不指明澄清问题的来源。如果澄清发出的时间距投标截止时间不足 15 天，则要相应延长投标截止时间。投标人在收到澄清后，应在投标人须知前附表规定的时间内以书面形式通知招标人，确认已收到该澄清。

在投标截止时间 15 天前，招标人可以以书面形式修改招标文件，并通知所有已购买招标文件的投标人。如果修改招标文件的时间距投标截止时间不足 15 天，则要相应延长投标截止时间。投标人收到修改内容后，应在投标人须知前附表规定的时间内以书面形式通知招标人，确认已收到该修改。

(3) 对投标文件的组成、投标报价、投标有效期、投标保证金的约定，对投标文件的递交、开标的时间和地点、开标程序、评标和定标的相关约定。招标过程对投标人、招标人、评标委员会的纪律要求监督。

(三) 评标办法

评标办法可选择经评审的最低投标价法和综合评估法。

(四) 合同条款及格式

1. 施工合同文件

施工合同一般由合同协议书、通用合同条款和专用合同条款三部分组成。组成合同的各项文件应互相解释、互相说明。除专用合同条款另有约定外，解释合同文件的优先顺序一般如下。

（1）合同协议书。合同协议书是施工合同的总纲性法律文件，经过双方当事人签字盖章后合同即成立，具有最高的合同效力。《建设工程施工合同（示范文本）》（GF－2017－0201）（以下简称《示范文本》）合同协议书共计13条，主要包括工程概况、合同工期、质量标准、签约合同价和合同价格形式、项目经理、合同文件构成、承诺、词语含义、签订时间、签订地点、补充协议、合同生效、合同份数等重要内容，集中约定了合同当事人基本的合同权利义务。

（2）通用合同条款。通用合同条款是合同当事人根据《中华人民共和国建筑法》《中华人民共和国合同法》等法律法规的规定，就工程建设的实施及相关事项，对合同当事人的权利义务做出的原则性约定。

通用合同条款共计20条，具体条款分别为：一般约定、发包人、承包人、监理人、工程质量、安全文明施工与环境保护、工期和进度、材料与设备、试验与检验、变更、价格调整、合同价格、计量与支付、验收和工程试车、竣工结算、缺陷责任与保修、违约、不可抗力、保险、索赔和争议解决。前述条款安排既考虑了现行法律法规对工程建设的有关要求，也考虑了建设工程施工管理的特殊需要。

（3）专用合同条款。专用合同条款是对通用合同条款原则性约定的细化、完善、补充、修改或另行约定的条款。合同当事人可以根据不同建设工程的特点及具体情况，通过双方的谈判、协商对相应的专用合同条款进行修改补充。在使用专用合同条款时，应注意以下事项。

① 专用合同条款的编号应与相应的通用合同条款的编号一致。

② 合同当事人可以通过对专用合同条款的修改，满足具体建设工程的特殊要求，避免直接修改通用合同条款。

③ 在专用合同条款中有横道线的地方，合同当事人可针对相应的通用合同条款进行细化、完善、补充、修改或另行约定；如无细化、完善、补充、修改或另行约定，则填写"无"或画"/"。

2．合同格式

合同格式主要包括合同协议书格式、履约担保格式和预付款担保格式。

（五）工程量清单

招标工程量清单必须作为招标文件的重要组成部分，其准确性（数量不算错）和完整性（不缺项漏项）应由招标人负责。招标人应将工程量清单连同招标文件一起发（售）给投标人。投标人依据工程量清单进行投标报价时，对工程量清单不负有核实的责任，更不具有修改和调整的权力。如招标人委托工程造价咨询人编制工程量清单，其责任仍由招标人负责。

招标工程量清单是工程量清单计价的基础，应作为编制招标控制价、投标报价、计算或调整工程量以及工程索赔等的依据之一。

招标工程量清单应以单位（项）工程为单位编制，应由分部分项工程项目清单、措施项目清单、其他项目清单、规费和税金项目清单组成。

（六）图纸

图纸是指应由招标人提供，用于计算招标控制价和投标人计算投标报价所必需的各种详细程度的图纸。

（七）技术标准和要求

招标文件的标准和要求包括：一般要求，特殊技术标准和要求，适用的国家、行业，以及地方规范、标准和规程等内容。

1. 一般要求

对工程的说明，相关资料的提供，合同界面的管理，以及整个交易过程涉及问题的具体要求。

（1）工程说明。简要描述工程概况、工程现场条件、周围环境、地质及水文资料，以及资料和信息的使用。合同文件中载明的涉及本工程现场条件、周围环境、地质及水文等情况的资料和信息数据，是发包人现有的和客观的，发包人保证有关资料和信息数据的真实、准确。但承包人据此做出的推论、判断和决策，由承包人自行负责。

（2）发承包的承包范围、工期要求、质量要求及适用规范和标准。发承包的承包范围关键是对合同界面的具体界定，特别是对暂列金额和甲方提供材料等要详细地界定责任和义务。如果承包人在投标函中承诺的工期和计划的开、竣工日期之间发生矛盾或者不一致时，以承包人承诺的工期为准。实际开工日期以通用合同条款约定的监理人发出的开工通知中载明的开工日期为准。如果承包人在投标函附录中承诺的工期提前于发包人在工程招标文件中所要求的工期，承包人在施工组织设计中应当制订相应的工期保证措施，由此而增加的费用，应当被认为已经包括在投标总报价中。除合同另有约定外，合同履约过程中发包人不会再向承包人支付任何性质的技术措施费用、赶工费用或其他任何性质的提前完工奖励等费用。工程要求的质量标准要符合现行国家有关工程施工验收规范和标准的要求（合格）。如果针对特定的项目、特定的业主，对项目有特殊的质量要求的，要详细约定。工程使用现行国家、行业和地方规范、标准和规程。

（3）安全防护和文明施工、安全防卫及环境保护。在工程施工、竣工、交付及修补任何缺陷的过程中，承包人应当始终遵守国家和地方有关安全生产的法律、法规、规范、标准和规程等，按照通用合同条款的约定履行其安全施工职责。现场应有安全警示标志，并进行检查工作。要配备专业的安全防卫人员，并制订详细的巡查管理细则。在工程施工、完工及修补任何缺陷的过程中，承包人应当始终遵守国家和工程所在地有关环境保护、水土保护和污染防治的法律、法规、规章、规范、标准和规程等，按照通用合同条款的约定，履行其环境与生态保护职责。

（4）有关材料、进度、进度款、竣工结算等的技术要求。用于工程的材料，应有说明书、生产（制造）许可证书、出厂合格证明或者证书、出厂检测报告、性能介绍以及使用说明等相关资料，并注明材料和工程设备的供货人及品种、规格、数量和供货时间等，以供检验和审批。对进度报告和进度例会的参加人员、内容等的详细规定和要求。对于预付款、进度款及竣工结算款的详细规定和要求。

2．特殊技术标准和要求

为了方便承包人直观和准确地把握工程所用部分材料和工程设备的技术标准，承包人自行施工范围内的部分材料和工程设备技术要求，要具体描述和细化。如果有新技术、新工艺和新材料的使用，要有相应的操作说明。

3．适用的国家、行业，以及地方规范、标准和规程

需要列出规范、标准、规程等的名称和编号等内容，由招标人根据国家、行业和地方现行标准、规范和规程等，以及项目具体情况进行摘录。

（八）投标文件格式

投标文件格式提供各种投标文件编制所应依据的参考格式，包括投标函及投标函附录、法定代表人的身份证明、授权委托书、联合体协议书、投标保证金、已标价工程量清单、施工组织设计、项目管理机构、拟分包项目情况表、资格审查资料及其他材料等。

（九）投标人须知前附表规定的其他材料

如需要其他材料，应在"投标人须知前附表"中予以规定。

二、建设项目施工招标过程中其他文件的主要内容

（一）资格预审公告和招标公告的内容

1．资格预审公告的内容

资格预审公告具体内容包括以下几项。

（1）招标条件。明确拟招标项目已符合前述的招标条件。

（2）项目概况与招标范围。说明本次招标项目的建设地点、规模、计划工期、合同估算价、招标范围和标段划分（如果有）等。

（3）申请人资格要求。包括对申请人资质、业绩、人员、设备及资金等方面是否具备相应的施工能力的审查，以及是否接受联合体资格预审申请的要求。

（4）资格预审方法。明确采用合格制或有限数量制。

（5）申请报名。明确规定报名具体时间、截止时间及地址。

（6）资格预审文件的获取。规定符合要求的报名者应持单位介绍信购买资格预审文件，并说明获取资格预审文件的时间、地点和费用。

（7）资格预审申请文件的递交。说明递交资格预审申请文件截止时间，并规定逾期送达或者未送达指定地点的资格预审申请文件，招标人不予受理。

（8）发布公告的媒介。

（9）联系方式。

2．招标公告的内容

采用公开招标方式的，招标人应当发布招标公告，邀请不特定的法人或者其他组织投标。依法必须进行施工招标项目的招标公告，应当在国家指定的报刊和信息网络上发布。采用邀请招标方式的，招标人应当向三家以上具备承担施工招标项目能力、资信良好的特定的法人或者其他组织发出投标邀请书。招标公告或者投标邀请书应当至少载明下列内容。

（1）招标人的名称和地址。

（2）招标项目的内容、规模及资金来源。

（3）招标项目的实施地点和工期。

（4）获取招标文件或者资格预审文件的地点和时间。

（5）对招标文件或者资格预审文件收取的费用。

（6）对招标人资质等级的要求。

（二）资格审查文件的内容

《工程建设项目施工招标投标办法》规定，资格审查可分为资格预审和资格后审。资格预审是指在投标前对潜在投标人进行的资格审查；资格后审是指在开标后对投标人进行的资格审查。进行资格预审的，一般不再进行资格后审，但招标文件另有规定的除外。

招标人不得改变载明的资格条件或者以没有载明的资格条件对潜在投标人或者投标人进行资格审查。

经资格预审后，招标人应当向资格预审合格的潜在投标人发出资格预审合格通知书，告知获取招标文件的时间、地点和方法，并同时向资格预审不合格的潜在投标人告知资格预审结果。资格预审不合格的潜在投标人不得参加投标。对于经资格后审不合格的投标人的投标应予否决。

1．资格预审申请文件的内容

资格预审申请文件应包括下列内容。

（1）资格预审申请函。

（2）法定代表人身份证明或附有法定代表人身份证明的授权委托书。

（3）联合体协议书。

（4）申请人基本情况表。

（5）近年财务状况表。

（6）近年完成的类似项目情况表。

（7）正在施工和新承接的项目情况表。

（8）近年发生的诉讼及仲裁情况。

（9）其他材料。

2. 资格审查的主要内容

资格审查应主要审查潜在投标人或者投标人是否符合下列条件。

（1）具有独立订立合同的权利。

（2）具有履行合同的能力，包括专业、技术资格和能力，资金、设备和其他物质设施状况，管理能力，经验、信誉和相应的从业人员。

（3）没有处于被责令停业，投标资格被取消，财产被接管、冻结及破产状态。

（4）在最近三年内没有骗取中标和严重违约及重大工程质量问题。

（5）国家规定的其他资格条件。

资格审查时，招标人不得以不合理的条件限制、排斥潜在投标人或者投标人，不得对潜在投标人或者投标人实行歧视待遇。任何单位和个人不得以行政手段或者其他不合理方式限制投标人的数量。

三、编制施工招标文件应注意的问题

编制出完整、严谨、科学、合理、客观公正的招标文件是招标成功的关键环节。一份完善的招标文件，对承包商的投标报价、标书编制乃至中标后项目的实施均具有重要的指导作用，而一份粗制滥造的招标文件，则会引起一系列的合同纠纷。因此，编制人员需要针对工程项目特点，对工程项目进行总体策划，选择恰当的编制方法，严格按照招标文件的编制原则，编制出内容完整、科学合理的招标文件。

（一）工程项目的总体策划

编制招标文件前，应做好充分的准备工作，最重要的工作之一就是工程项目的总体策划。总体策划重点考虑的内容有承发包模式的确定、工程的合理分标（合同数量的确定）、计价模式的确定、合同类型的选择，以及合同主要条款的确定等。

1. 承发包模式的确定

一个施工项目的全部施工任务可以只发一个合同包招标，即采取施工总承包模式。在这种模式下，招标人仅与一个中标人签订合同，合同关系简单，业主合同管理工作也比较简单，但有能力参加竞争的投标人较少。若采取平行承发包模式，将全部施工任务分解成若干个单位工程或特殊专业工程分别发包，则需要进行合理的工程分标，招标发包数量多，招标评标工作量就大。

工程项目施工是一个复杂的系统工程，影响因素众多。因此，采用何种承发包模式，如何进行工程分标，应从施工内容的专业要求、施工现场条件、对工程总投资的影响、建设资金筹措情况，以及设计进度等多方面综合考虑。

2. 计价模式的确定

采用工程量清单招标的工程，必须依据"13 计价规范"的"四统一"原则，采用综合单价计价。招标文件提供的工程量清单和工程量清单计价格式必须符合国家规范规定的格式。

3. 合同类型的选择

按计价方式不同，合同可分为总价合同、单价合同和成本加酬金合同。应依据招标时工程项目设计图纸和技术资料的完备程度、计价模式、承发包模式等因素确定采用何种合同类型。

(二) 编制招标文件应注意的重点问题

1. 重点内容的醒目标示

招标文件必须明确招标工程的性质、范围和有关的技术规格标准，对于规定的实质性要求和条件，应当在招标文件中用醒目的方式标明。

(1) 单独分包的工程。招标工程中需要另行单独分包的工程必须符合政府有关工程分包的规定，且必须明确总包工程需要分包工程配合的具体范围和内容，将配合费用的计算规则列入合同条款。

(2) 甲方提供材料。涉及甲方提供材料、工作等内容的，必须在招标文件中载明，并将明确的结算规则列入合同主要条款。

(3) 施工工期。招标项目需要划分标段、确定工期的，招标人应当合理划分标段，确定工期，并在招标文件中载明。对工程技术上联系紧密、不可分割的单位工程不得分割标段。

(4) 合同类型。招标文件应明确说明招标工程的合同类型及相关内容，并将其列入主要合同条款。

采用固定价合同的，必须明确合同价应包括的内容、数量、风险范围及超出风险范围的调整方法和标准。工期超过 12 个月的工程应慎用固定价合同；采用可调价合同的，必须明确合同价的可调因素、调整控制幅度及其调整方法；采用成本加酬金合同（费率招标）的工程，必须明确酬金（费用）计算标准（或比例）、成本计算规则，以及价格取定标准等所有涉及合同价的因素。

2．合同主要条款

合同主要条款不得与招标文件有关条款存在实质性的矛盾。如固定价合同的工程，在合同主要条款中不应出现"按实调整"的字样，而必须明确量、价变化时的调整控制幅度和价格确定规则。

3．关于招标控制价

招标项目需要编制招标控制价的，有资格的招标人可以自行编制或委托咨询机构编制。一个工程只能编制一个招标控制价。

施工图中存在的不确定因素，必须如实列出，并由招标控制价编制人员与发包方协商确定暂定金额，同时，应在《中华人民共和国招标投标法》规定的时间内作为招标文件的补充文件送达全部投标人。招标控制价不作为评标、决标的依据，仅供参考。

4．明确工程评标办法

（1）招标文件应明确评标时除价格外的所有评标因素，以及如何将这些因素量化或者据以进行评价的方法。

（2）招标文件应根据工程的具体情况和业主需求设定评标的主体因素（造价、质量和工期），并按主体因素设定不同的技术标、商务标评分标准。

（3）招标文件中规定的评标标准和评标方法应当合理，不得含有倾向或者排斥潜在投标人的内容，不得设定妨碍或者限制投标人之间竞争的条件，不应在招标文件中设定投标人降价（或优惠）幅度作为评标（或废标）的限制条件。

（4）招标文件必须说明废标的认定标准和认定方法。

5．关于备选标

招标文件应明确是否允许投标人投备选标，并应明确备选标的评审和采纳规则。

6．明确询标事项

招标文件应明确评标过程的询标事项，规定投标人对投标函在询标过程的补正规则及不予补正时的偏差量化标准。

7．工程量清单的修改

采用工程量清单招标的工程，招标文件必须明确工程量清单编制偏差的核对、修正规则。招标文件还应考虑当工程量清单误差较大，经核对后，招标人与中标人不能达成一致调整意向时的处理措施。

8．关于资格审查

采取资格预审的，招标人应当在资格预审文件中载明资格预审的条件、标准和方法；采取资格后审的，招标人应当在招标文件中载明对投标人资格要求的条件、标准和审查方法。

9. 招标文件修改的规定

招标文件必须载明招标投标各环节所需要的合理时间及招标文件修改必须遵循的规则。当对投标人提出的投标疑问需要答复，或者招标文件需要修改，不能符合有关法律法规要求的截标间隔时间规定时，必须修改截标时间，并以书面形式通知所有投标人。

10. 有关盖章、签字的要求

招标文件应明确投标文件中所有需要签字、盖章的具体要求。

第二节　招标工程量清单与招标控制价的编制

一、招标工程量清单的编制

招标工程量清单是指招标人依据国家标准、招标文件、设计文件以及施工现场实际情况编制的，随招标文件发布供投标报价的工程量清单，包括其说明和表格，是招标阶段供投标人报价的工程量清单，是对工程量清单的进一步具体化。

（一）招标工程量清单编制依据及准备工作

1. 招标工程量清单的编制依据

招标工程量清单是招标文件的组成部分，是编制招标控制价、投标报价、计算或调整工程量、索赔等的依据之一。招标工程量清单应由具有编制能力的招标人或受其委托、具有相应资质的工程造价咨询人编制。

工程量清单编制应依据以下内容。

（1）"13 计价规范"（GB 50500－2013）和相关工程的国家计量规范。

（2）国家或省级、行业建设主管部门颁发的计价定额和办法。

（3）建设工程设计文件及相关资料。

（4）与建设工程有关的标准、规范及技术资料。

（5）拟定的招标文件。

（6）施工现场情况、地勘水文资料、工程特点及常规施工方案。

（7）其他相关资料。

2. 招标工程量清单编制的准备工作

招标工程量清单编制的相关工作在收集资料包括编制依据的基础上，需进行以下工作。

（1）初步研究。对各种资料进行认真研究，为工程量清单的编制做准备。主要包括以下几个方面。

① 熟悉"13计价规范""13计量规范"及当地计价规定及相关文件；熟悉设计文件，掌握工程全貌，便于清单项目列项的完整、工程量的准确计算及清单项目的准确描述，对设计文件中出现的问题应及时提出。

② 熟悉招标文件和招标图纸，确定工程量清单编审的范围及需要设定的暂估价；收集相关市场价格信息，为暂估价的确定提供依据。

③ 对"13计价规范"缺项的新材料、新技术、新工艺，收集足够的基础资料，为补充项目的制定提供依据。

（2）现场踏勘。为了选用合理的施工组织设计和施工技术方案，需进行现场踏勘，以充分了解施工现场情况及工程特点。主要对以下两个方面进行调查。

① 自然地理条件：工程所在地的地理位置、地形、地貌、用地范围等；气象、水文情况，包括气温、湿度、降雨量等；地质情况，包括地质构造及特征、承载能力等；地震、洪水及其他自然灾害情况。

② 施工条件：工程现场周围的道路、进出场条件、交通限制情况；工程现场施工临时设施、大型施工机具、材料堆放场地的安排情况；工程现场邻近建筑物与招标工程的间距、结构形式、基础埋深、新旧程度、高度；市政给水排水管线位置、管径、压力，废水、污水处理方式，市政和消防供水管道管径、压力、位置等；现场供电方式、方位、距离、电压等；工程现场通信线路的连接和铺设；当地政府有关部门对施工现场管理的一般要求和特殊要求及规定等。

（3）拟订常规施工组织设计。施工组织设计是指导拟建工程项目的施工准备和施工的技术经济文件。根据项目的具体情况编制施工组织设计，拟定工程的施工方案、施工顺序、施工方法等，便于工程量清单的编制及准确计算，特别是工程量清单中的措施项目。施工组织设计编制的主要依据包括招标文件中的相关要求，设计文件中的图纸及相关说明，现场踏勘资料，有关定额，现行有关技术标准、施工规范或规则等。作为招标人，仅需拟订常规的施工组织设计即可。在拟定常规的施工组织设计时需注意以下问题。

① 估算整体工程量。根据概算指标或类似工程进行估算，且仅对主要项目加以估算即可，如土石方、混凝土等。

② 拟定施工总方案。施工总方案只需对重大问题和关键工艺作原则性的规定，不需考虑施工步骤，主要包括施工方法、施工机械设备的选择、科学的施工组织、合理的施工进度、现场的平面布置及各种技术措施。制订总方案要满足以下原则：从实际出发，符合现场的实际情况，在切实可行的范围内尽量求其先进和快速；满足工期的要求；确保工程质量和施工安全；尽量降低施工成本，使方案更加经济合理。

③ 确定施工顺序。合理确定施工顺序需要考虑以下几点：各分部分项工程之间的关

系；施工方法和施工机械的要求；当地的气候条件和水文要求；施工顺序对工期的影响。

④ 编制施工进度计划。施工进度计划要满足合同对工期的要求，在不增加资源的前提下尽量提前。编制施工进度计划时要处理好工程中各分部工程、分项工程、单位工程之间的关系，避免出现施工顺序的颠倒或工种相互冲突。

⑤ 计算人工、材料、机具资源需求量。人工工日数量根据估算的工程量、选用的定额、拟定的施工总方案、施工方法及要求的工期来确定，并考虑节假日、气候等的影响。材料需要量主要根据估算的工程量和选用的材料消耗定额进行计算。机具台班数量则根据施工方案确定选择机械设备方案及仪器仪表和种类的匹配要求，再根据估算的工程量和机具消耗定额进行计算。

⑥ 施工平面的布置。施工平面布置是根据施工方案、施工进度要求，对施工现场的道路交通、材料仓库、临时设施等做出合理的规划布置，主要包括建设项目施工总平面图上的一切地上、地下已有和拟建的建筑物及构筑物，以及其他设施的位置和尺寸；所有为施工服务的临时设施的布置位置，如施工用地范围，施工用道路，材料仓库，取土与弃土位置，水源、电源位置，安全、消防设施位置；永久性测量放线标桩位置等。

（二）招标工程量清单的编制内容

1. 分部分项工程项目清单编制

分部分项工程项目清单所反映的是拟建工程分部分项工程项目名称和相应数量的明细清单，招标人负责包括项目编码、项目名称、项目特征、计量单位和工程量计算在内的五项内容。

（1）项目编码。分部分项工程项目清单的项目编码，应根据拟建工程的工程量清单项目名称设置，同一招标工程的项目编码不得有重码。

（2）项目名称。分部分项工程项目清单的项目名称应按"13 计量规范"附录的项目名称结合拟建工程的实际确定。

在分部分项工程项目清单中所列出的项目，应是在单位工程的施工过程中以其本身构成该单位工程实体的分项工程，但应注意以下几点：

① 当在拟建工程的施工图纸中有体现，并且在"13 计量规范"附录中也有相对应的项目时，则根据附录中的规定直接列项，计算工程量，确定其项目编码。

② 当在拟建工程的施工图纸中有体现，但在"13 计量规范"中没有相对应的项目，并且在附录项目的"项目特征"或"工程内容"中也没有提示时，则必须编制针对这些分项工程的补充项目，在清单中单独列项并在清单的编制说明中注明。

（3）项目特征。工程量清单的项目特征是确定一个清单项目综合单价不可缺少的重要依据，在编制工程量清单时，必须对项目特征进行准确和全面的描述。但有些项目特征用文字往往又难以准确和全面地描述。为达到规范、简洁、准确、全面描述项目特征的要求，在描述工程量清单项目特征时应按以下原则进行：

①项目特征描述的内容应按"13 计量规范"附录中的规定，结合拟建工程的实际，满足确定综合单价的需要。

②若采用标准图集或施工图纸能够全部或部分满足项目特征描述的要求，项目特征的描述可直接采用详见××图集或××图号的方式。对不能满足项目特征描述要求的部分，仍应用文字描述。

（4）计量单位。分部分项工程项目清单的计量单位与有效位数应遵守"13 计量规范"规定。当附录中有两个或两个以上计量单位的，应结合拟建工程项目的实际选择其中一个确定。

（5）工程量的计算。分部分项工程项目清单中所列工程量应按专业工程量计算规范规定的工程量计算规则计算。另外，对补充项的工程量计算规则必须符合其计算规则要具有可计算性，计算结果要具有唯一性的原则。

工程量的计算是一项繁杂而又细致的工作，为了计算得快速准确，并应尽量避免漏算或重算，必须依据一定的计算原则及方法。具体如下。

① 计算口径一致。根据施工图列出的工程量清单项目，必须与专业工程量计算规范中相应清单项目的口径相一致。

② 按工程量计算规则计算。工程量计算规则是综合确定各项消耗指标的基本依据，也是具体工程测算和分析资料的基准。

③ 按图纸计算。工程量按每一分项工程，根据设计图纸进行计算，计算时采用的原始数据必须以施工图纸所表示的尺寸或施工图纸能读出的尺寸为准进行计算，不得任意增减。

④ 按一定顺序计算。计算分部分项工程量时，可以按照定额编目顺序或按照施工图专业顺序依次进行计算。对于计算同一张图纸的分项工程量时，一般可采用以下几种顺序：按顺时针或逆时针顺序计算；按先横后纵顺序计算；按轴线编号顺序计算；按施工先后顺序计算；按定额分部分项顺序计算。

2. 措施项目清单编制

措施项目清单是指为完成工程项目施工，发生于该工程施工准备和施工过程中的技术、生活、安全、环境保护等方面的项目清单。措施项目分单价措施项目和总价措施项目。

措施项目清单的编制需考虑多种因素，除工程本身的因素外，还涉及水文、气象、环境、安全等因素。措施项目清单应根据拟建工程的实际情况列项，若出现"13 计价规范"

中未列的项目，可根据工程实际情况补充。项目清单的设置要考虑拟建工程的施工组织设计，施工技术方案，相关的施工规范与施工验收规范，招标文件中提出的某些必须通过一定的技术措施才能实现的要求，设计文件中一些不足以写进技术方案的但是要通过一定的技术措施才能实现的内容。

一些可以精确计算工程量的措施项目可采用与分部分项工程项目清单相同的编制方式，编制"分部分项工程和单价措施项目清单与计价表"，而有一些措施项目费用的发生与使用时间、施工方法或者两个以上的工序相关并大都与实际完成的实体工程量的大小关系不大，如安全文明施工，冬、雨期施工，已完工程设备保护等，应编制"总价措施项目清单与计价表"。

3．其他项目清单的编制

其他项目清单是应招标人的特殊要求而发生的与拟建工程有关的其他费用项目和相应数量的清单。工程建设标准的高低、工程的复杂程度、工程的工期长短、工程的组成内容、发包人对工程管理要求等都直接影响到其具体内容。当出现未包含在表格中的内容的项目时，可根据实际情况补充。

（1）暂列金额是指招标人暂定并包括在合同中的一笔款项。用于工程合同签订时尚未确定或者不可预见的所需材料、工程设备、服务的采购，施工中可能发生的工程变更、合同约定调整因素出现时的合同价款调整，以及发生的索赔、现场签证确认等的费用。此项费用由招标人填写其项目名称、计量单位、暂定金额等，若不能详列，也可只列暂定金额总额。由于暂列金额由招标人支配，实际发生后才得以支付，因此，在确定暂列金额时应根据施工图纸的深度、暂估价设定的水平、合同价款约定调整的因素以及工程实际情况合理确定。一般可按分部分项工程项目清单的10％～15％确定，不同专业预留的暂列金额应分别列项。

（2）暂估价是招标人在招标文件中提供的用于支付必然要发生但暂时不能确定价格的材料、工程设备的单价以及专业工程的金额。一般来说，为方便合同管理和计价，需要纳入分部分项工程量项目综合单价中的暂估价，应只是材料、工程设备暂估单价，以方便投标与组价。以"项"为计量单位给出的专业工程暂估价一般应是综合暂估价，即应当包括除规费、税金外的管理费、利润等。

（3）计日工是为了解决现场发生的工程合同范围以外的零星工作或项目的计价而设立的。计日工为额外工作的计价提供一个方便快捷的途径。计日工对完成零星工作所消耗的人工工时、材料数量、机具台班进行计量，并按照计日工表中填报的适用项目的单价进行计价支付。编制计日工表格时，一定要给出暂定数量，并且需要根据经验，尽可能估算一个比较贴近实际的数量，且尽可能把项目列全，以消除因此而产生的争议。

（4）总承包服务费是为了解决招标人在法律法规允许的条件下，进行专业工程发包以及自行采购供应材料、设备时，要求总承包人对发包的专业工程提供协调和配合服务，对供应的材料和设备提供收、发和保管服务，以及对施工现场进行统一管理，对竣工资料进行统一汇总整理等发生并向承包人支付的费用。招标人应当按照投标人的投标报价支付该项费用。

4. 规费税金项目清单的编制

规费税金项目清单应按照规定的内容列项，当出现规范中没有的项目时，应根据省级政府或有关部门的规定列项。税金项目清单除规定的内容外，如国家税法发生变化或增加税种，应对税金项目清单进行补充。规费、税金的计算基础和费率均应按国家或地方相关部门的规定执行。

5. 工程量清单总说明的编制

工程量清单总说明编制包括以下内容。

（1）工程概况。工程概况中要对建设规模、工程特征、计划工期、施工现场实际情况、自然地理条件、环境保护要求等做出描述。其中，建设规模是指建筑面积；工程特征应说明基础及结构类型、建筑层数、高度、门窗类型及各部位装饰和装修做法；计划工期是指按工期定额计算的施工天数；施工现场实际情况是指施工场地的地表状况；自然地理条件是指建筑场地所处地理位置的气候及交通运输条件；环境保护要求是针对施工噪声及材料运输可能对周围环境造成的影响和污染所提出的防护要求。

（2）工程招标及分包范围。招标范围是指单位工程的招标范围，如建筑工程招标范围为"全部建筑工程"，装饰装修工程招标范围为"全部装饰装修工程"，或招标范围不含桩基础、幕墙、门窗等。工程分包是指特殊工程项目的分包，如招标人自行采购安装"铝合金门窗"等。

（3）工程量清单编制依据。包括建设工程工程量清单计价规范、设计文件、招标文件、施工现场情况、工程特点及常规施工方案等。

（4）工程质量、材料、施工等的特殊要求。工程质量的要求是指招标人要求拟建工程的质量应达到合格或优良标准；对材料的要求是指招标人根据工程的重要性、使用功能及装饰装修标准提出的，诸如对水泥的品牌、钢材的生产厂家、花岗石的出产地和品牌等的要求；施工要求一般是指建设项目中对单项工程的施工顺序等的要求。

（5）其他需要说明的事项。

6. 招标工程量清单汇总

在分部分项工程项目清单、措施项目清单、其他项目清单、规费和税金项目清单编制完成以后，经审查复核，与工程量清单封面及总说明汇总并装订，由相关责任人签字和盖章，形成完整的招标工程量清单文件。

二、招标控制价编制

招标控制价是指招标人根据国家或省级、行业建设主管部门颁发的有关计价的依据和办法，以及招标文件和设计图纸计算的，对招标工程限定的最高工程造价。招标控制价应由具有编制能力的招标人，或受其委托具有相应资质的工程造价咨询人编制。工程造价咨询人接受招标人委托编制招标控制价，不得再就同一工程接受投标人委托编制投标报价。招标控制价应该编制得符合实际，力求准确、客观，不超出工程投资概算金额。当招标控制价超过批准的概算时，招标人应将其报原概算部门审核。

招标控制价应按照《建设工程质量管理条例》中"建设工程发包单位不得迫使承包方以低于成本的价格竞标"的规定编制，不应对所编制的招标控制价进行上浮或下调。当招标控制价超过批准的概算时，招标人应将其报原概算审批部门审核。招标人应在发布招标文件时公布招标控制价，同时应将招标控制价及有关资料报送工程所在地或有该工程管辖权的行业管理部门工程造价管理机构备查。

（一）招标控制价的编制依据

招标控制价应根据下列依据编制与复核。

（1）"13 计价规范"。

（2）国家或省级、行业建设主管部门颁发的计价定额和计价办法。

（3）建设工程设计文件及相关资料。

（4）拟定的招标文件及招标工程量清单。

（5）与建设项目相关的标准、规范、技术资料。

（6）施工现场情况、工程特点及常规施工方案。

（7）工程造价管理机构发布的工程造价信息，当工程造价信息没有发布时，参照市场价。

（8）其他的相关资料。

（二）招标控制价的编制内容

1．招标控制价计价程序

建设工程的招标控制价反映的是单位工程费用，各单位工程费用由分部分项工程费、措施项目费、其他项目费、规费和税金组成。

2．分部分项工程费的编制

分部分项工程费应根据招标文件中的分部分项工程项目清单及有关要求，按"13 计价规范"有关规定确定综合单价计价。

（1）综合单价的组价过程。招标控制价的分部分项工程费应由各单位工程的招标工程量清单中给定的工程量乘以其相应综合单价汇总而成。综合单价应按照招标人发布的分部分项工程项目清单的项目名称、工程量、项目特征描述，依据工程所在地区颁发的计价定额和人工、材料、机具台班价格信息等进行组价确定。首先，依据提供的工程量清单和施工图纸，按照工程所在地区颁发的计价定额的规定，确定所组价的定额项目名称，并计算出相应的工程量；其次，依据工程造价政策规定或工程造价信息确定其人工、材料、机具台班单价；最后，在考虑风险因素确定管理费率和利润率的基础上，按规定程序计算出所组价定额项目的合价（见下式中的第一个式子），然后将若干项所组价的定额项目合价相加再除以工程量清单项目工程量，便得到工程量清单项目综合单价（见下式中的第二个式子），对于未计价材料费（包括暂估单价的材料费）应计入综合单价。

定额项目合价＝定额项目工程量×［∑（定额人工消耗量×人工单价）＋∑（定额材料消耗量×材料单价）＋∑（定额机械台班消耗量×机械台班单价）＋价差（基价或人工、材料、机具费用）＋管理费和利润］

$$工程量清单综合单价＝\frac{∑定额项目合价＋未计价材料}{工程量清单项目工程量}$$

（2）综合单价中的风险因素。为使招标控制价与投标报价所包含的内容一致，综合单价中应包括招标文件中要求投标人所承担的风险内容及其范围（幅度）产生的风险费用。

① 对于技术难度较大和管理复杂的项目，可考虑一定的风险费用，并纳入综合单价中。

② 对于工程设备、材料价格的市场风险，应依据招标文件的规定，工程所在地或行业工程造价管理机构的有关规定，以及市场价格趋势考虑一定率值的风险费用，纳入综合单价中。

③ 税金及规费等法律、法规、规章和政策变化的风险，以及人工单价等风险费用不应纳入综合单价。

3. 措施项目费的编制

（1）措施项目费中的安全文明施工费应当按照国家或省级、行业建设主管部门的规定标准计价，该部分不得作为竞争性费用。

（2）措施项目应按招标文件中提供的措施项目清单确定，措施项目分为以"量"计算和以"项"计算两种。对于可计量的措施项目，以"量"计算即按其工程量用与分部分项工程项目清单单价相同的方式确定综合单价；对于不可计量的措施项目，则以"项"为单位，采用费率法按有关规定综合取定，采用费率法时需确定某项费用的计费基数及其费率，结果应是包括除规费、税金以外的全部费用，其计算公式为：

以"项"计算的措施项目清单费＝措施项目计费基数×费率

4. 其他项目费的编制

（1）暂列金额。暂列金额由招标人根据工程特点、工期长短，按有关计价规定进行估算，一般可以分部分项工程费的 10％～15％为参考。

（2）暂估价。暂估价中的材料单价应按照工程造价管理机构发布的工程造价信息中的材料单价计算，工程造价信息未发布的材料单价，其单价参考市场价格估算；暂估价中的专业工程暂估价应分不同专业，按有关计价规定估算。

（3）计日工。在编制招标控制价时，对计日工中的人工单价和施工机具台班单价应按省级、行业建设主管部门或其授权的工程造价管理机构公布的单价计算；材料应按工程造价管理机构发布的工程造价信息中的材料单价计算，工程造价信息未发布单价的材料，其价格应按市场调查确定的单价计算。

（4）总承包服务费。总承包服务费应按照省级或行业建设主管部门的标准计算，在计算时可参考以下标准：

① 招标人仅要求对分包的专业工程进行总承包管理和协调时，按分包的专业工程估算造价的 1.5％计算。

② 招标人要求对分包的专业工程进行总承包管理和协调，并同时要求提供配合服务时，根据招标文件中列出的配合服务内容和提出的要求，按分包的专业工程估算造价的 3％～5％计算。

③ 招标人自行供应材料的，按招标人供应材料价值的 1％计算。

5. 规费和税金的编制

规费和税金必须按照国家或省级、行业建设主管部门的标准计算，其中：

税金＝（人工费＋材料费＋施工机具使用费＋企业管理费＋利润＋规费）×综合税税率

第三节　投标报价的编制

一、施工投标的概念与程序

建设工程投标是指投标人（承包人、施工单位等）为了获取工程任务而参与竞争的一种手段，也就是投标人在同意招标人在招标文件中所提出的条件和要求的前提下，对招标项目估计自己的报价，在规定的日期内填写标书并递交给招标人，参加竞争及争取中标的过程。整个投标过程需遵循如下程序进行。

（1）获取招标信息、投标决策。

（2）申报资格预审（若资格预审未通过到此结束），购买招标文件。

（3）组织投标班子，选择咨询单位，现场勘察。

（4）计算和复核工程量、业主答复问题。

（5）询价及市场调查，制定施工规划。

（6）制订资金计划，投标技巧研究。

（7）选择定额，确定费率，计算单价及汇总投标价。

（8）投标价评估及调整、编制投标文件。

（9）封送投标书、保函（后期）开标。

（10）评标（若未中标到此结束）、定标。

（11）办理履约保函、签订合同。

二、编制投标文件

（一）投标文件的内容

投标人应当按照招标文件的要求编制投标文件。投标文件应当包括下列内容。

（1）投标函及投标函附录。

（2）法定代表人身份证明或附有法定代表人身份证明的授权委托书。

（3）联合体协议书（如工程允许采用联合体投标）。

（4）投标保证金。

（5）已标价工程量清单。

（6）施工组织设计。

（7）项目管理机构。

（8）拟分包项目情况表。

（9）资格审查资料。

（10）规定的其他材料。

（二）投标文件编制时应遵循的规定

（1）投标文件应按"投标文件格式"进行编写，如有必要，可以增加附页，作为投标文件的组成部分。其中，投标函附录在满足招标文件实质性要求的基础上，可以提出比招标文件要求更有利于招标人的承诺。

（2）投标文件应由投标人的法定代表人或其委托代理人签字和盖单位章。由委托代理人签字的，投标文件应附法定代表人签署的授权委托书。投标文件应尽量避免涂改、行间插字或删除。如果出现上述情况，改动之处应加盖单位章或由投标人的法定代表人或其授权的代理人签字确认。

（3）投标文件正本一份，副本份数按招标文件有关规定。正本和副本的封面上应清楚地标记"正本"或"副本"的字样。投标文件的正本与副本应分别装订成册，并编制目录。当副本和正本不一致时，以正本为准。

（4）除招标文件另有规定外，投标人不得递交备选投标方案。允许投标人递交备选投标方案的，只有中标人所递交的备选投标方案方可予以考虑。评标委员会认为中标人的备选投标方案优于其按照招标文件要求编制的投标方案的，招标人可以接受该备选投标方案。

（三）投标文件的递交

投标人应当在招标文件规定的提交投标文件的截止时间前，将投标文件密封送达投标地点。招标人收到招标文件后，应当向投标人出具标明签收人和签收时间的凭证，在开标前任何单位和个人不得开启投标文件。在招标文件要求提交投标文件的截止时间后送达或未送达指定地点的投标文件，为无效的投标文件，招标人不予受理。有关投标文件的递交还应注意以下问题。

1. 投标保证金与投标有效期

（1）投标保证金。投标人在递交投标文件的同时，应按规定的金额形式递交投标保证金，并作为其投标文件的组成部分。联合体投标的，其投标保证金由牵头人或联合体各方递交，并应符合规定。投标保证金除现金外，可以是银行出具的银行保函、保兑支票、银行汇票或现金支票。投标保证金的数额不得超过项目估算价的 2%，且最高不超过 80 万元。依法必须进行招标的项目的境内投标单位，以现金或者支票形式提交的投标保证金应当从其基本账户转出。投标人不按要求提交投标保证金的，其投标文件应被否决。出现下列情况的，投标保证金将不予返还。

① 投标人在规定的投标有效期内撤销或修改其投标文件。

② 中标人在收到中标通知书后，无正当理由拒签合同协议书或未按招标文件规定提交履约担保。

（2）投标有效期。投标有效期从投标截止时间起开始计算，主要用作组织评标委员会评标、招标人定标、发出中标通知书以及签订合同等工作，一般考虑以下因素。

① 组织评标委员会完成评标需要的时间。

② 确定中标人需要的时间。

③ 签订合同需要的时间。

一般项目投标有效期为 60～90 天，大型项目为 120 天左右。投标保证金的有效期应与投标有效期保持一致。

出现特殊情况需要延长投标有效期的，招标人以书面形式通知所有投标人延长投标有效期。投标人同意延长的，应相应延长其投标保证金的有效期，但不得要求或被允许修改或撤销其投标文件；投标人拒绝延长的，其投标失效，但投标人有权收回其投标保证金。

2. 投标文件的递交方式

（1）投标文件的密封和标识。投标文件的正本与副本应分开包装，加贴封条，并在封套上清楚标记"正本"或"副本"字样，于封口处加盖投标人单位章。

（2）投标文件的修改与撤回。在规定的投标截止时间前，投标人可以修改或撤回已递交的投标文件，但应以书面形式通知招标人。在招标文件规定的投标有效期内，投标人不得要求撤销或修改其投标文件。

（3）费用承担与保密责任。投标人准备和参加投标活动发生的费用自理。参与招标投标活动的各方应对招标文件和投标文件中的商业和技术等秘密保密，违者应对由此造成的后果承担法律责任。

（四）对投标行为的限制性规定

1. 联合体投标

两个以上法人或者其他组织可以组成一个联合体，以一个投标人的身份共同投标。联合体投标需遵循以下规定。

（1）联合体各方应按招标文件提供的格式签订联合体协议书，联合体各方应当指定牵头人，授权其代表所有联合体成员负责投标和合同实施阶段的主办、协调工作，并应当向招标人提交由所有联合体成员法定代表人签署的授权书。

（2）联合体各方签订共同投标协议后，不得再以自己名义单独投标，也不得组成新的联合体或参加其他联合体在同一项目中投标。联合体各方在同一招标项目中以自己名义单独投标或者参加其他联合体投标的，相关投标均为无效。

（3）招标人接受联合体投标并进行资格预审的，联合体应当在提交资格预审申请文件前组成。资格预审后联合体增减、更换成员的，其投标无效。

（4）由同一专业的单位组成的联合体，按照资质等级较低的单位确定资质等级。

（5）联合体投标的，应当以联合体各方或者联合体中牵头人的名义提交投标保证金。以联合体中牵头人名义提交的投标保证金，对联合体各成员具有约束力。

2. 串通投标

在投标过程有串通投标行为的，招标人或有关管理机构可以认定该行为无效。

（1）有下列情形之一的，属于投标人相互串通投标。

① 投标人之间协商投标报价等投标文件的实质性内容。

② 投标人之间约定中标人。

③ 投标人之间约定部分投标人放弃投标或者中标。

④ 属于同一集团、协会、商会等组织成员的投标人按照该组织要求协同投标。

⑤ 投标人之间为谋取中标或者排斥特定投标人而采取的其他联合行动。

（2）有下列情形之一的，视为投标人相互串通投标。

① 不同投标人的投标文件由同一单位或者个人编制。

② 不同投标人委托同一单位或者个人办理投标事宜。

③ 不同投标人的投标文件载明的项目管理成员为同一人。

④ 不同投标人的投标文件异常一致或者投标报价呈规律性差异。

⑤ 不同投标人的投标文件相互混装。

⑥ 不同投标人的投标保证金从同一单位或者个人的账户转出。

（3）有下列情形之一的，属于招标人与投标人串通投标。

① 招标人在开标前开启投标文件并将有关信息泄露给其他投标人。

② 招标人直接或者间接向投标人泄露标底、评标委员会成员等信息。

③ 招标人明示或者暗示投标人压低或者抬高投标报价。

④ 招标人授意投标人撤换、修改投标文件。

⑤ 招标人明示或者暗示投标人为特定投标人中标提供方便。

⑥ 招标人与投标人为谋求特定投标人中标而采取的其他串通行为。

（五）投标报价的编制方法

现阶段，我国规定的编制投标报价的方法主要有两种：一种是工料单价法；另一种是综合单价法。

虽然工程造价计价的方法各不相同，但其计价的基本过程和原理都是相同的。从建设项目的组成与分解来说，工程造价计价的顺序是：分部分项工程造价—单位工程造价—单项工程造价—建设项目总造价。

工程计价的原理就在于项目的分解和组合，影响工程造价的因素主要有两个，即单位价格和实物工程数量，可以用下列计算式基本表达：

建筑安装工程造价＝$\sum$［单位工程基本构造要素工程量（分项工程）×相应单价］

1. 工程量

这里的工程量是指根据工程建设定额或工程量清单计价规范的项目划分和工程量计算规则，以适当计量单位进行计算的分项工程的实物量。工程量是计价的基础，不同的计价方式有不同的计算规则规定。目前，工程量计算规则包括以下两类。

（1）各类工程建设定额规定的计算规则。

（2）国家标准"13 计价规范""13 计量规范"中规定的计算规则。

2. 单位价格

单位价格是指与分项工程相对应的单价。工料单价法是指定额单价，即包括人工费、材料费、机具使用费在内的工料单价；清单计价是指除包括人工费、材料费、机具使用费外，还包括企业管理费、利润和风险因素在内的综合单价。

工程量清单计价投标报价的编制内容主要如下。

（1）分部分项工程费。采用的工程量应是依据分部分项工程量清单中提供的工程量，综合单价的组成内容包括完成一个规定计量单位的分部分项工程量清单项目所需的人工费、材料费、机具使用费和企业管理费与利润，以及招标文件确定范围内的风险因素费用；招标人提供了有暂估单价的材料，应按暂定的单价计入综合单价。

在投标报价中，没有填写单价和合价的项目将不予支付款项。因此，投标企业应仔细填写每一单项的单价和合价，做到报价时不漏项、不重项。这就要求工程造价人员责任心要强，严格遵守职业道德，本着实事求是的原则认真计算，做到正确报价。

（2）措施项目费。措施项目内容应依据招标文件中措施项目清单所列内容；措施项目清单费的计价方式：凡可精确计量的措施清单项目宜采用综合单价方式计价，其余的措施清单项目采用以"项"为计量单位的方式计价。

（3）其他项目清单费。暂列金额应根据工程特点，按有关计价规定估算；暂估价中的材料单价应根据工程造价信息或参考市场价格估算；暂估价中专业工程金额应分不同专业，按有关计价规定估算；计日工应根据工程特点和有关计价依据计算；总承包服务费应根据招标人列出的内容和要求估算。

（4）规费。规费必须按照国家或省级、行业建设主管部门的有关规定计算。

（5）税金。税金必须按照国家或省级、行业建设主管部门的有关规定计算。

综合单价法编制投标报价的步骤如下。

（1）根据企业定额或参照预算定额及市场材料价格确定各分部分项工程量清单的综合单价，该单价包括完成清单所列分部分项工程的成本、利润和一定的风险费。

（2）以给定的各分部分项工程的工程量及综合单价确定工程费。

（3）结合投标企业自身的情况及工程的规模、质量、工期要求等确定工程有关的费用。

第四节　中标价及合同价款的约定

一、投标书评标的程序

开标应当在招标文件确定的提交投标文件截止时间的同一时间公开进行；开标地点应当为招标文件中预先确定的地点。开标后，招标人在招标文件要求提交投标文件的截止时间前收到的所有投标文件，开标时都应当众予以拆封、宣读。评标委员会由招标人负责组建，一般应于开标前确定。评标委员会由招标人或其委托的招标代理机构熟悉相关业务的代表，以及有关技术、经济等方面的专家组成，成员人数为5人以上单数，其中技术、经济等方面的专家不得少于成员总数的2/3。评标委员会设负责人的，由评标委员会成员推举产生或者由招标人确定。评标委员会负责人与评标委员会的其他成员有同等的表决权。

（一）评标的准备

评标委员会成员应当编制供评标使用的相应表格，认真研究招标文件，至少应了解和熟悉以下内容。

（1）招标的目标。

（2）招标项目的范围和性质。

（3）招标文件中规定的主要技术要求、标准和商务条款。

（4）招标文件规定的评标标准、评标方法和在评标过程中考虑的相关因素。

（二）初步评审阶段

（1）招标人或者其委托的招标代理机构应当向评标委员会提供评标所需的重要信息和数据，但不得带有明示或者暗示倾向，以及排斥特定投标人的信息。招标人设有标底的，标底在开标前应当保密，并在评标时作为参考。

（2）评标委员会应当根据招标文件规定的评标标准和方法，对投标文件进行系统的评审和比较。招标文件中没有规定的标准和方法不得作为评标的依据。招标文件中规定的评标标准和评标方法应当合理，不得含有倾向或者排斥潜在投标人的内容，不得妨碍或者限制投标人之间的竞争。

（3）评标委员会应当按照投标报价的高低或者招标文件规定的其他方法对投标文件排序。以多种货币报价的，应当按照中国银行在开标日公布的汇率中间价换算成人民币。招标文件应当对汇率标准和汇率风险做出规定。未做规定的，汇率风险由投标人承担。

（4）评标委员会可以书面方式要求投标人对投标文件中含义不明确、对同类问题表述不一致，或者有明显文字和计算错误的内容做必要的澄清、说明或者补正。澄清、说明或者补正应以书面方式进行，并不得超出投标文件的范围或者改变投标文件的实质性内容。投标文件中的大写金额和小写金额不一致的，以大写金额为准；总价金额与单价金额不一致的，以单价金额为准，但单价金额小数点有明显错误的除外；对不同文字文本投标文件的解释发生异议的，以中文文本为准。

（5）在评标过程中，评标委员会发现投标人以他人的名义投标、串通投标、以行贿手段谋取中标或者以其他弄虚作假方式投标的，应当否决其投标。

（6）在评标过程中，评标委员会发现投标人的报价明显低于其他投标报价或者在设有标底时明显低于标底，使得其投标报价可能低于其个别成本的，应当要求该投标人做出书面说明并提供相关证明材料。投标人不能合理说明或者不能提供相关证明材料的，由评标委员会认定该投标人以低于成本报价竞标，应当否决其投标。

（7）投标人资格条件不符合国家有关规定和招标文件要求的，或者拒不按照要求对投标文件进行澄清、说明或者补正的，评标委员会可以否决其投标。

（8）评标委员会应当审查每一投标文件是否对招标文件提出的所有实质性要求和条件做出响应。未能在实质上响应的投标，应当予以否决。

（9）评标委员会应当根据招标文件，审查并逐项列出投标文件的全部投标偏差。投标偏差可分为重大偏差和细微偏差。

① 下列情况属于重大偏差：没有按照招标文件要求提供投标担保或者所提供的投标担保有瑕疵；投标文件没有投标人授权代表签字和加盖公章；投标文件载明的招标项目完成期限超过招标文件规定的期限；明显不符合技术规格、技术标准的要求；投标文件载明的货物包装方式、检验标准和方法等不符合招标文件的要求；投标文件附有招标人不能接受的条件；不符合招标文件中规定的其他实质性要求。投标文件有上述情形之一的，表示未能对招标文件作出实质性响应，并按规定做否决投标处理。

② 细微偏差是指投标文件在实质上响应招标文件要求，但在个别地方存在漏项或者提供了不完整的技术信息和数据等情况，并且补正这些遗漏或者不完整不会对其他投标人造成不公平的结果。细微偏差不影响投标文件的有效性。评标委员会应当以书面形式要求存在细微偏差的投标人在评标结束前予以补正。拒绝补正的，在详细评审时可以对细微偏差做不利于该投标人的量化，量化标准应当在招标文件中予以规定。

（三）详细评审

经初步评审合格的投标文件，评标委员会应当根据招标文件确定的评标标准和方法，对其技术部分和商务部分做进一步评审和比较。评标方法包括经评审的最低投标价法、综合评估法或者法律、行政法规允许的其他评标方法。

1. 最低投标价法

（1）经评审的最低投标价法一般适用于具有通用技术、性能标准或者招标人对其技术、性能没有特殊要求的招标项目。

（2）根据经评审的最低投标价法，能够满足招标文件的实质性要求，并且经评审的最低投标价的投标，应当推荐为中标候选人。

（3）采用经评审的最低投标价法的，评标委员会应当根据招标文件中规定的评标价格调整方法，对所有投标人的投标报价以及投标文件的商务部分做必要的价格调整。采用经评审的最低投标价法的，中标人的投标应当符合招标文件规定的技术要求和标准，但评标委员会无须对投标文件的技术部分进行价格折算。

（4）根据经评审的最低投标价法完成详细评审后，评标委员会应当拟定一份"标价比较表"，连同书面评标报告提交招标人。"标价比较表"应当载明投标人的投标报价、对商务偏差的价格调整和说明以及经评审的最终投标价。

2. 综合评估法

（1）不宜采用经评审的最低投标价法的招标项目，一般应当采取综合评估法进行评审。

（2）根据综合评估法，最大限度地满足招标文件中规定的各项综合评价标准的投标，应当推荐为中标候选人。衡量投标文件是否最大限度地满足招标文件中规定的各项评价标准，可以采取折算为货币的、打分的方法或者其他方法。需量化的因素及其权重应当在招标文件中明确规定。

（3）评标委员会对各个评审因素进行量化时，应当将量化指标建立在同一基础或者同一标准上，使各投标文件具有可比性。对技术部分和商务部分进行量化后，评标委员会应当对这两部分的量化结果进行加权，计算出每一投标的综合评估价或者综合评估分。

（4）根据综合评估法完成评标后，评标委员会应当拟定一份"综合评估比较表"，连同书面评标报告提交招标人。"综合评估比较表"应当载明投标人的投标报价、所做的任何修正、对商务偏差的调整、对技术偏差的调整、对各评审因素的评估，以及对每一投标的最终评审结果。

（5）根据招标文件的规定，允许投标人投备选标的，评标委员会可以对中标人所投的备选标进行评审，以决定是否采纳备选标。不符合中标条件的投标人的备选标不予考虑。

（6）对于划分有多个单项合同的招标项目，招标文件允许投标人为获得整个项目合同而提出优惠的，评标委员会可以对投标人提出的优惠进行审查，以决定是否将招标项目作为一个整体合同授予中标人。将招标项目作为一个整体合同授予的，整体合同中标人的投标应当最有利于招标人。

（7）评标和定标应当在投标有效期内完成。不能在投标有效期内完成评标和定标的，招标人应当通知所有投标人延长投标有效期。拒绝延长投标有效期的投标人有权收回投标保证金。同意延长投标有效期的投标人应当相应延长其投标担保的有效期，但不得修改投标文件的实质性内容。因延长投标有效期造成投标人损失的，招标人应当给予补偿，但因不可抗力需延长投标有效期的除外。招标文件应当载明投标有效期。投标有效期从提交投标文件截止日起计算。

（四）投标书评审阶段投资控制的注意事项

（1）总报价最低不表示单项报价最低；总价符合要求不表示单项报价符合要求。投标人采用不平衡报价时，将可能变化较大的项目单价增大，以达到在竣工结算时追加工程款的目的。在招标投标中对不平衡报价应进行评价和分析并进行限制，以保证不出现单价偏高或偏低的现象，保证合同价格具有较好的公平性和可操作性，降低由此给业主带来的风险。

（2）对于早期发生的项目、结构中较早涉及费用的子项应严格审查，使承包人不能提早收到工程款，从而避免使发包商蒙受利息损失。

（3）对于计日工作表内的单价也应严格审核，需按实计量，这也是投资控制的一个方面。

二、中标人的确定

（一）评标报告

评标报告是评标委员会评标结束后提交给招标人的一份重要文件。评标委员会完成评标后，应当向招标人提出书面评标报告，并推荐合格的中标候选人。招标人也可以授权评标委员会直接确定中标人。在评标报告中，评标委员会不仅要推荐中标候选人，而且要说明这种推荐的具体理由。评标报告作为招标人定标的重要依据，一般应包括以下内容。

（1）对投标人的技术方案评价，技术和经济风险分析。

（2）对投标人技术力量及设施条件评价。

（3）对满足评标标准的投标人，对其投标进行排序。

（4）需进一步协商的问题及协商应达到的要求。

招标人根据评标委员会的评标报告，在推荐的中标候选人（一般为1~3个）中最后确定中标人；在某些情况下，招标人也可以直接授权评标委员会直接确定中标人。

评标报告应当由评标委员会全体成员签字。对评标结果有不同意见的评标委员会成员应当以书面形式说明其不同意见和理由，评标报告应当注明该不同意见。评标委员会成员拒绝在评标报告上签字又不书面说明其不同意见和理由的，视为同意评标结果。

（二）废标、否决所有投标和重新招标

1. 废标

废标，一般是评标委员会履行评标职责过程中，对投标文件依法做出的取消其中标资格、不再予以评审的处理决定。

除非法律有特别规定，废标是评标委员会依法做出的处理决定。其他相关主体，如招标人或招标代理机构，无权对投标作废标处理。废标应符合法定条件。评标委员会不得任意废标，只能依据法律规定及招标文件的明确要求，对投标进行审查决定是否应予废标。被作废标处理的投标，不再参加投标文件的评审，也完全丧失了中标的机会。

《评标委员会和评标方法暂行规定》规定了以下四类废标情况。

（1）在评标过程中，评标委员会发现投标人以他人的名义投标、串通投标、以行贿手段谋取中标或者以其他弄虚作假方式投标的，该投标人的投标应作废标处理。

（2）在评标过程中，评标委员会发现投标人的报价明显低于其他投标报价或者在设有标底时明显低于标底，使得其投标报价可能低于其个别成本的，应当要求该投标人做出书面说明并提供相关证明材料。投标人不能合理说明或不能提供相关证明材料的，由评标委员会认定该投标人以低于成本报价竞标，其投标应作废标处理。

（3）投标人资格条件不符合国家有关规定和招标文件要求的，或者拒绝按照要求对投标文件进行澄清、说明或者补正的，评标委员会可以否决其投标。

（4）未能在实质上响应招标文件要求、对招标文件未做出实质性响应的有重大偏差的投标应作废标处理。

2. 否决所有投标

《招标投标法》规定："评标委员会经评审，认为所有投标都不符合招标文件要求的，可以否决所有投标。"《评标委员会和评标方法暂行规定》规定，评标委员会否决不合格投标或者界定为废标后，"因有效投标不足三个使得投标明显缺乏竞争的，评标委员会可以否决全部投标"。从上述规定可以看出，否决所有投标包括两种情况：一是所有的投标都不符合招标文件要求，因每个投标均被界定为废标、被认为无效或不合格，所以评标委员会否决了所有的投标；二是部分投标被界定为废标、被认为无效或不合格之后，仅剩余不足三个的有效投标，使得投标明显缺乏竞争的，违反了招标采购的根本目的，所以评标委员会可以否决全部投标。对于个体投标人而言，无论其投标是否合格有效，都可能发生所有投标被否决的风险，即使投标符合法律和招标文件要求，但结果却是无法中标。对于招标人而言，上述两种情况下，结果都是相同的，即所有的投标被依法否决，当次招标结束。

3. 重新招标

如果到投标截止时间止，投标人少于三个或经评标专家评审后否决所有投标的，评标委员会可以建议重新招标。《招标投标法》规定："投标人应当在招标文件要求提交投标文件的截止时间前，将投标文件送达投标地点。招标人收到投标文件后，应当签收保存，并不得开启。投标人少于三个的，招标人应当依照本法重新招标。""依法必须进行招标的项目的所有投标被否决的，招标人应当依照本法重新招标。"

重新招标是一个招标项目发生法定情况无法继续进行评标并推荐中标候选人，当次招标结束后，如何开展项目采购的一种选择。所谓法定情况，包括投标截止时间到达时投标人少于三个、评标中所有投标被否决或其他法定情况。

（三）定标方式

确定中标人前，招标人不得与投标人就投标价格及投标方案等实质性内容进行谈判。除投标人须知前附表规定评标委员会直接确定中标人外，招标人依据评标委员会推荐的中标候选人确定中标人，评标委员会推荐中标候选人的人数应符合招标文件的要求，并标明排列顺序。中标人的投标应当符合下列条件之一。

（1）能够最大限度地满足招标文件中规定的各项综合评价标准。

（2）能够满足招标文件的实质性要求，并且经评审的投标价格最低，但是投标价格低于成本的除外。

对使用国有资金投资或者国家融资的项目，招标人应当确定排名第一的中标候选人为中标人。排名第一的中标候选人放弃中标，因不可抗力提出不能履行合同，或者招标文件规定应当提交履约保证金而在规定的期限内未能提交的，招标人可以确定排名第二的中标候选人为中标人。排名第二的中标候选人因上述同样原因不能签订合同的，招标人可以确定排名第三的中标候选人为中标人。

（四）公示和中标通知

1．公示中标候选人

为维护公开、公平、公正的市场环境，鼓励各种招投标当事人积极参与监督，依法必须进行招标的项目，招标人应当自收到评标报告之日起 3 日内公示中标候选人，公示期不得少于 3 天。投标人或者其他利害关系人对依法必须进行招标的项目的评标结果有异议的，应当在中标候选人公示期间提出。招标人应当自收到异议之日起 3 天内做出答复，做出答复前，应当暂停招标投标活动。

对中标候选人的公示需明确以下几个方面。

（1）公示范围。公示的项目范围是依法必须进行招标的项目，其他招标项目是否公示中标候选人由招标人自主决定。公示的对象是全部中标候选人。

（2）公示媒体。招标人在确定中标人之前，应当将中标候选人在交易场所和指定媒体上公示。

（3）公示时间（公示期）。公示由招标人统一委托当地招投标中心在开标当天发布。公示期从公示的第二天开始算起，在公示期满后招标人才可以签发中标通知书。

（4）公示内容。对中标候选人全部名单及排名进行公示，而不是只公示排名第一的中标候选人。同时，对有业绩信誉条件的项目，在投标报名或开标时提供作为资格条件或业绩信誉的情况，应一并进行公示，但不含投标人各评分要素的得分情况。

（5）异议处置。公示期间，投标人及其他利害关系人应当先向招标人提出异议，经核查后发现在招标投标过程中确有违反相关法律法规且影响评标结果公正性的，招标人应当重新组织评标或招标。招标人拒绝自行纠正或无法自行纠正的，则根据《招标投标法实施条例》第六十条的规定向行政监督部门提出投诉。对故意虚构事实，扰乱招投标市场秩序的，则按照有关规定进行处理。

2．发出中标通知书

中标人确定后，在规定的投标有效期内，招标人以书面形式向中标人发出中标通知书，同时将中标结果通知未中标的投标人。中标通知书对招标人和中标人具有法律效力。中标通知书发出后，招标人改变中标结果，或者中标人放弃中标项目的，应当依法承担法律责任。依法必须进行招标的项目，招标人应当自确定中标人之日起 15 日内，向有关行政监督部门提交招标投标情况的书面报告。书面报告中至少应包括下列内容。

（1）招标范围。

（2）招标方式和发布招标公告的媒介。

（3）招标文件中投标人须知、技术条款、评标标准和方法以及合同主要条款等内容。

（4）评标委员会的组成和评标报告。

（5）中标结果。

3．履约担保

在签订合同前，中标人以及联合体的中标人应按招标文件有关规定的金额、担保形式和招标文件规定的履约担保格式，向招标人提交履约担保。履约担保有现金、支票、履约担保书和银行保函等形式，可以选择其中的一种作为招标项目的履约保证金，履约保证金不得超过中标合同金额的 10％。

中标人不能按要求提交履约保证金的，视为放弃中标，其投标保证金不予退还，给招标人造成的损失超过投标保证金数额的，中标人还应当对超过部分予以赔偿。中标后的承包人应保证其履约保证金在发包人颁发工程接收证书前一直有效。发包人应在工程接收证书颁发后 28 天内把履约保证金退还给承包人。

三、合同价款类型的选择

招标人和中标人应当自中标通知书发出之日起 30 天内，根据招标文件和中标人的投标文件订立书面合同。中标人无正当理由拒签合同的，招标人取消其中标资格，其投标保证金不予退还；给招标人造成的损失超过投标保证金数额的，中标人还应当对超过部分予以赔偿。发出中标通知书后，招标人无正当理由拒签合同的，招标人向中标人退还投标保证金；给中标人造成损失的，还应当赔偿损失。

（一）合同总价

1．固定合同总价

固定合同总价是指承包整个工程的合同价款总额已经确定，在工程实施中不再因物价上涨而变化。所以，固定合同总价应考虑价格风险因素，也需在合同中明确规定合同总价包括的范围。这类合同价可以使发包人对工程总开支做到心中有数，在施工过程中可以更有效地控制资金的使用。但对承包人来说，要承担较大的风险，如物价波动、气候条件、地质地基条件及其他意外风险等，因此，合同价款一般会高些。

2. 可调合同总价

可调合同总价一般是以设计图纸及规定、规范为基础，在报价及签约时，按招标文件中的要求和当时的物价计算合同总价。合同中确定的工程合同总价在实施期间可随价格变化而调整。发包人和承包人在商订合同时，以招标文件的要求及当时的物价计算出合同总价。如果在执行合同期间，通货膨胀引起成本增加达到某一限度时，合同总价则做相应调整。可调合同价使发包人承担了通货膨胀的风险，承包人则承担其他风险。一般适合于工期较长（1年以上）的项目。

（二）合同单价

1. 固定合同单价

固定合同单价是指合同中确定的各项单价在工程实施期间不因价格变化而调整，而在每月（或每阶段）工程结算时，根据实际完成的工程量结算，在工程全部完成时以竣工图的工程量最终结算工程总价款。

2. 可调单价

合同单价可调，一般是在工程招标文件中规定。在合同中签订的单价，根据合同约定的条款，如在工程实施过程中物价发生变化等，可作调整。有的工程在招标或签约时，因某些不确定性因素而在合同中暂定某些分部分项工程的单价，在工程结算时，再根据实际情况和合同约定对合同单价进行调整，确定实际结算单价。

关于可调价格的调整方法，常用的有以下几种。

（1）主料按抽料法计算价差，其他材料按系数计算价差。主要材料按施工图预算计算的用量和竣工当月当地工程造价管理机构公布的材料结算价或信息价与基价对比计算差价。其他材料按当地工程造价管理机构公布的竣工调价系数计算方法计算差价。

（2）按主材计算价差。发包人在招标文件中列出需要调整价差的主要材料表及其基期价格（一般采用当时当地工程造价管理机构公布的信息价或结算价），工程竣工结算时按竣工当时当地工程造价管理机构公布的材料信息价或结算价，与招标文件中列出的基期价比较计算材料差价。

（3）按工程造价管理机构公布的竣工调价系数及调价计算方法计算差价。

（4）调值公式法。调值公式一般包括固定部分、材料部分和人工部分三项。当工程规模和复杂性增大时，公式也会变得复杂。调值公式一般如下：

$$P = P_0 \left(a_0 + a_1 \frac{A}{A_0} + a_2 \frac{B}{B_0} + a_3 \frac{C}{C_0} + \cdots \right)$$

式中：P ——调值后的工程价格；

P_0 ——合同价款中工程预算进度款；

a_0 ——固定要素的费用在合同总价中所占比重，这部分费用在合同支付中不能调整；

a_1，a_2，a_3 ——代表各项变动要素的费用（人工费、钢材费用、水泥费用、运输费用等）在合同总价中所占比重，$a_1 + a_2 + a_3 + \cdots = l$；

A_0，B_0，C_0 ——签订合同时与 a_1，a_2，a_3，$\cdots$ 对应的各种费用的基期价格指数或价格；

A，B，C ——在工程结算月份与 a_1，a_2，a_3，$\cdots$ 对应的各种费用的现行价格指数或价格。

各部分费用在合同总价中所占比重在许多标书中要求承包人在投标时即提出，并在价格分析中予以论证。也有的由发包人在招标文件中规定一个允许范围，由投标人在此范围内选定。

（5）实际价格结算法。有些地区规定对钢材、木材、水泥三大材料的价格按实际价格结算的方法，工程承包人可凭发票按实报销。此法操作方便，但也容易导致承包人忽视降低成本。为避免副作用，地方建设主管部门要定期公布最高结算限价，同时，合同文件中应规定发包人有权要求承包人选择更廉价的供应来源。

以上几种方法究竟采用哪一种，应按工程价格管理机构的规定，经双方协商后在合同的专用条款中约定。

（三）成本加酬金合同价

成本加酬金合同价是指由业主向承包人支付工程项目的实际成本，并按事先约定的某一种方式支付一定的酬金。在这类合同中，业主需承担项目实际发生的一切费用，因此，也就承担了项目的全部风险。而承包人由于无风险，其报酬往往也较低。这类合同的缺点是业主对工程总造价不易控制，承包人也往往不注意降低项目成本。这类合同主要适用于以下项目：需要立即开展工作的项目，如地震后的救灾工作；新型的工程项目或工程内容及技术指标未确定的项目；风险很大的项目等。

合同中确定的工程合同价，其工程成本部分按现行计价计算，酬金部分则按工程成本乘以通过竞争确定的费率计算，将两者相加，确定出合同价。

四、合同价款的约定

合同价款是合同文件的核心要素，建设项目无论是招标发包还是直接发包，合同价款的具体数额均在"合同协议书"中载明。

（一）签约合同价与中标价的关系

签约合同价是指合同双方签订合同时在协议书中列明的合同价格，对于以单价合同形式招标的项目，工程量清单中各种价格的总计即为合同价。合同价就是中标价，因为中标价是指评标时经过算术修正的，并在中标通知书中申明招标人接受的投标价格。法理上，经公示后招标人向投标人所发出的中标通知书（投标人向招标人回复确认中标通知书已收到），中标的中标价就受到法律保护，招标人不得以任何理由反悔。这是因为，合同价格属于招标投标活动中的核心内容，根据《招标投标法》有关"招标人和中标人应当按照招标文件和中标人的投标文件订立书面合同，招标人和中标人不得再行订立背离合同实质性内容的其他协议"之规定，发包人应根据中标通知书确定的价格签订合同。

（二）工程合同价款约定一般规定

（1）实行招标的工程合同价款应在中标通知书发出之日起 30 天内，由发承包双方依据招标文件和中标人的投标文件在书面合同中约定。

合同约定不得违背招标及投标文件中关于工期、造价和质量等方面的实质性内容。招标文件与中标人投标文件不一致的地方，应以投标文件为准。

工程合同价款的约定是建设工程合同的主要内容，根据有关法律条款的规定，工程合同价款的约定应满足以下几个方面的要求。

① 约定的依据要求：招标人向中标的投标人发出的中标通知书。

② 约定的时间要求：自招标人发出中标通知书之日起 30 天内。

③ 约定的内容要求：招标文件和中标人的投标文件。

④ 合同的形式要求：书面合同。

在工程招标投标及建设工程合同签订过程中，招标文件应视为要约邀请，投标文件为要约，中标通知书为承诺。因此，在签订建设工程合同时，若招标文件与中标人的投标文件有不一致的地方，应以投标文件为准。

（2）不实行招标的工程合同价款，应在发承包双方认可的工程价款基础上，由发承包双方在合同中约定。

（三）合同价款约定内容

1. 工程价款进行约定的基本事项

《中华人民共和国建筑法》规定："建筑工程造价应当按照国家有关规定，由发包单位与承包单位在合同中约定。公开招标发包的，其造价的约定，须遵守招标投标法律的规定。"发承包双方应在合同中对工程价款进行如下基本事项的约定。

（1）预付工程款的数额、支付时间及抵扣方式。预付工程款是发包人为解决承包人在施工准备阶段资金周转问题提供的协助。如使用的水泥、钢材等大宗材料，可根据工程具体情况设置工程材料预付款。应在合同中约定预付款数额，可以是绝对数，如 50 万元、100 万元，也可以是额度，如合同金额的 10％、15％等；约定支付时间，如合同签订后一个月支付、开工日前 7 天支付等；约定抵扣方式，如在工程进度款中按比例抵扣；约定违约责任，如不按合同约定支付预付款的利息计算，违约责任等。

（2）安全文明施工措施的支付计划、使用要求等。

（3）工程计量与进度款支付。应在合同中约定计量时间和方式，可按月计量，如每月 30 天，可按工程形象部位（目标）划分分段计量。进度款支付周期与计量周期保持一致，约定支付时间，如计量后 7 天、10 天支付；约定支付数额，如已完工作量的 70％、80％等；约定违约责任，如不按合同约定支付进度款的利率，违约责任等。

（4）合同价款的调整。约定调整因素，如工程变更后综合单价调整，钢材价格上涨超过投标报价时的 3％，工程造价管理机构发布的人工费调整等；约定调整方法，如结算时一次调整，材料采购时报发包人调整等；约定调整程序，承包人提交调整报告交发包人，由发包人现场代表审核签字等；约定支付时间与工程进度款支付同时进行等。

（5）索赔与现场签证。约定索赔与现场签证的程序，如由承包人提出、发包人现场代表或授权的监理工程师核对等；约定索赔提出时间，如知道索赔事件发生后的 28 天内等；约定核对时间，如收到索赔报告后 7 天以内、10 天以内等；约定支付时间，如原则上与工程进度款同期支付等。

（6）承担风险。约定风险的内容范围，如全部材料、主要材料等；约定物价变化调整幅度，如钢材、水泥价格涨幅超过投标报价的 3％，其他材料超过投标报价的 5％等。

（7）工程竣工结算。约定承包人在什么时间提交竣工结算书，发包人或其委托的工程造价咨询企业，在什么时间内核对，核对完毕后，在多长时间内支付等。

（8）工程质量保证金。在合同中约定数额，如合同价款的 3％等；约定预付方式，如竣工结算一次扣清等；约定归还时间，如质量缺陷期退还等。

（9）合同价款争议。约定解决价款争议的办法是协商还是调解，如调解由哪个机构调解；如在合同中约定仲裁，应标明具体的仲裁机关名称，以免仲裁条款无效；约定诉讼等。

（10）与履行合同、支付价款有关的其他事项等。需要说明的是，合同中涉及价款的事项较多，能够详细约定的事项应尽可能具体约定，约定的用词应尽可能唯一，如有几种解释，最好对用词进行定义，尽量避免因理解上的歧义造成合同纠纷。

2．合同中未约定事项或约定不明事项

合同中没有按照工程价额进行约定的或约定不明的，若发承包双方在合同履行中发生争议由双方协商确定；当协商不能达成一致时，应按规定执行。

《中华人民共和国合同法》规定："合同生效后，当事人就质量、价款或者报酬、履行地点等内容没有约定或者约定不明确的，可以协议补充；不能达成补充协议的，按照合同有关条款或交易习惯确定。"

第七章

项目施工阶段的造价管理

第一节　施工预算的编制

一、概述

（一）建设工程施工预算的概念和作用

1. 施工预算的概念

施工图预算即单位工程预算书，是在施工图设计完成后、工程开工前，根据已审定的施工图纸，在施工方案或施工组织设计已确定的前提下，按照国家或省、市颁发的，现行预算定额、费用标准、材料预算价格等有关规定，逐项计算工程量，套用相应定额，进行工料分析，计算直接费、间接费、计划利润、税金等费用，确定单位工程造价的技术经济文件。施工预算一般以单位工程为编制对象。

2. 施工预算的作用

（1）施工预算是确定工程造价的依据。施工图预算既可作为建设单位招标的标底，也可以作为建筑施工企业投标时报价的参考。

（2）施工预算是实行建筑工程预算包干的依据和签订施工合同的主要内容。通过建设单位与施工单位协商，可在施工图预算的基础上，考虑设计或施工变更后可能发生的额外费用，故在原费用上增加一定系数，作为工程造价一次性包死。

（3）施工预算是施工计划部门安排施工作业计划和组织施工的依据。施工预算确定施工中所需的人力、物力的供应量；进行劳动力、运输机械和施工机械的平衡；计算材料、构件的需要量，进行施工备料和及时组织材料；计算实物工程量和安排施工进度，并做出最佳安排。

（4）施工预算是施工企业进行工程成本管理的基础。施工预算既反映设计图纸的要求，也考虑在现有条件下可能采取的节约人工、材料和降低成本的各项具体措施。执行施工预算，不仅可以起到控制成本、降低费用的作用，同时也为贯彻经济核算、加强工程成本管理奠定基础。

（5）施工预算是施工图预算是进行"两算"对比的依据。因为施工预算中规定完成的每一个分项工程所需要的人工、材料、机械台班使用量，都是按施工定额计算的，所以在完成每一个分项工程时，其超额和节约部分就成为班组计算奖励的依据之一。

（二）建设工程施工预算的内容构成

施工预算的内容，原则上应包括工程量、人工、材料和机械四项指标。一般以单位工程为对象，按分部工程计算。施工预算由编制说明及表格两大部分组成。

1. 编制说明

编制说明是以简练的文字，说明施工预算的编制依据、对施工图纸的审查意见、现场勘查的主要资料、存在的问题及处理办法等，主要包括以下内容。

（1）编制依据：施工图纸、施工规范、工程经验与企业规范、工程量清单规范、利润材料价格市场价咨询价信息价差异等。

（2）工程概况：工程建设规模、使用性质、结构功能、建设地点及施工期限等。

（3）现场勘查的主要资料。

（4）施工技术措施：土方施工方法、运输方式、机械化施工部署、垂直运输方案、新技术或代用材料的采用、质量及安全技术等。

（5）施工关键部位的技术处理方法，施工中降低成本的措施。

（6）遗留项目或暂估项目的说明。

（7）工程中存在及尚需解决的其他问题。

2. 表格

为了减少重复计算，便于组织施工，编制施工预算常用表格来计算和整理。土建工程一般主要有以下表格。

（1）工程量计算表：可根据投标报价的工程量计算表格来进行计算。

（2）施工预算的工料单价分析表：是施工预算中的基本表格，其编制方法与投标报价中施工图预算工料分析相似，即各项的工程量乘以施工定额重点工料用量。施工预算要求分部、分层、分段进行工料分析，并按分部汇总成表。

（3）人工汇总表：即将工料分析表中的各工种人工数字，分工种，按分部分列汇总成表。

（4）材料汇总表：即将工料分析表中的各种材料数字，分现场和外加工厂用料，按分部分列汇总成表。

（5）机械汇总表：即将工料分析表中的各种施工机具数字，分名称、分部分列成表。

（6）金属构件汇总表：包括金属加工汇总表、金属结构构件加工材料明细表。

（7）门窗加工汇总表：包括门窗加工一览表、门窗五金明细表。

（8）两算对比表：即将投标报价中的施工图预算与施工预算中的人工、材料、机械三项费用进行对比。

（9）其他地方性相关表格。

（三）施工预算与施工图预算的区别

1. 用途及编制方法不同

预算定额用于施工企业内部核算，主要计算工料用料和直接费；而施工图预算却要确定整个单位工程造价。施工图预算必须在施工图预算价值的控制下进行编制。

2. 使用定额不同

施工预算的编制依据是施工定额，施工图预算使用的是预算定额，两种定额的项目划分不同。即便是同一定额项目，在两种定额中各自的工、料、机械台班耗用数量都有一定的差别。

3．工程项目粗细程度不同

施工预算比施工图预算的项目多、划分细，具体表现如下。

（1）施工预算的工程量计算要分层、分段、分工程项目计算，其项目要比施工图预算多。如砌砖基础，预算定额仅列了一项，而施工定额根据不同深度及砖基础墙的厚度，共划分了六个项目。

（2）施工定额的项目综合性小于预算定额。如现浇钢筋混凝土工程，预算定额每个项目中都包括了模板、钢筋、混凝土三个项目，而施工定额中模板、钢筋、混凝土则分别列项计算。

4．计算范围不同

施工预算一般只计算工程所需工料的数量，有条件的地区可计算工程的直接费，而施工图预算要计算整个工程的直接工程费、现场经费、间接费、利润及税金等各项费用。

5．所考虑的施工组织及施工方法不同

施工预算所考虑的施工组织及施工方法要比施工图预算细得多。如吊装机械，施工预算要考虑的是采用塔吊还是卷扬机或别的机械；而施工图预算对一般民用建筑是按塔式起重机考虑的，及时使用卷扬机作吊装机械也按塔吊计算。

6．计量单位不同

施工预算与施工图预算的工程量计量单位也不完全一致。如门窗安装施工预算分门窗框、门窗扇安装两个项目，门窗框安装以樘为单位计算，门窗扇安装以扇为单位计算工程量；但施工图预算门窗安装包括门窗框及扇，以平方米计算。

二、施工预算的编制

（一）施工预算的编制依据

（1）施工图纸及其说明书。编制施工图预算需要具备全套施工图和有关的标准图案。施工图纸和说明书必须经过建设单位、设计单位和施工单位共同会审，并要有会审记录，未经会审的图纸不宜采用，以免因与实际施工不相符而返工。

（2）施工组织设计或施工方案。经批准的施工组织设计或施工方案所确定的施工方式、施工顺序、技术组织措施和现场平面布置等，可供施工预算集体计算时采用。

（3）当地或专业预算定额或预算基价及相关取费、调价文件规定，施工单位的预期利润和本项工程的市场竞争情况。各省、自治区、直辖市或地区，一般都编制颁发有《建筑工程施工定额》。若没有编制或原编制的施工定额现已过时废止使用，则可根据国家颁布的《建筑安装工程统一劳动定额》，以及各地区编制的《材料消耗定额》和《机械台班使用定额》编制施工预算。

（4）施工图预算书。投标报价（施工图预算）中的许多工程量数据可供编制施工预算时使用，因此，依据施工图预算可减少施工预算的编制工程量，提高编制效率。

（5）建筑材料手册和预算手册。根据建筑材料手册和预算手册进行材料长度、面积、体积、重量之间的换算，工程量的计算等。

（6）当地工程造价信息、主要材料的市场价格情况及工程实际勘察与测量资料等。

（7）建设项目的具体要求如招标文件、工程量清单、主要设备及材料的限制规定。

（二）施工预算的编制方法

施工预算的编制方法分为工程量清单法、工料单价法和实物法三种。

（1）工程量清单法。根据工程量清单计价规范的规定，计算出各分部分项工程量，套用其相应分部分项工程综合单价，再计算措施费、规费、税金等费用，得出工程造价。

（2）工料单价法。根据施工定额的规定，计算出各分项工程量，以分部分项工程量乘以单价后的合计为直接工程费，直接工程费以人工、材料、机械的消耗量及其相应价格确定。直接工程费汇总后另加间接费、利润、税金生成工程造价。

（3）实物法。实物法就是根据施工图纸和说明书，以及施工组织设计，按照施工定额或劳动定额的规定计算工程量，再分析并汇总人工和材料的数量。这是目前编制施工预算普遍采用的方法。应用这些数量可向施工班组签发任务书和限额领料单，进行班组核算，并与施工图预算的人工、材料和机械台班数量对比，分析超支或节约的原因，进而改进和加强企业管理。

（三）施工预算的编制程序与步骤

施工预算和施工图预算的编制程序基本相同，所不同的是施工预算比施工图预算的项目划分更细，以适合施工方法的需要，有利于安排施工进度计划和编制统计报表。施工预算的编制，可按下述步骤进行。

（1）熟悉基础资料。在编制施工预算前，要认真阅读经会审和交底的全套施工图纸、说明书及有关标准图集，掌握施工定额内容范围，了解经批准的施工组织设计或施工方案，为正确、顺利地编制施工预算奠定基础。

（2）计算工程量。要合理划分分部、分项工程项目，一般可按施工定额项目划分，并按照施工定额手册的项目顺序排列。有时为签发施工任务单方便，也可按施工方案确定的施工顺序或流水施工的分层分段排列。此外，为便于进行"两算"对比，也可按照施工图预算的项目顺序排列。为加快施工预算的编制速度，在计划工程量过程中，凡能利用的施工图预算的工程量数据可以直接利用。工程量计算完毕核对无误后，根据施工定额内容和计量单位的要求，按分部、分项工程的顺序，分层分段逐项整理汇总。各类构件、钢筋、门窗、五金等也整理列成表格。

（3）套取施工定额，分析和汇总工、料、机消耗量。按所在地区或企业内部自行编制的施工定额进行套用，以分项工程的工程量乘以相应项目的人工、材料和机械台班消耗量定额，得到该项目的人工、材料和机械台班消耗量。将各分部（或分层分段）工程中同类的各种人工、材料和机械台班消耗量再相加，得出每一分部（或分层分段）工程的各种人工、材料和机械台班的总消耗量，再进一步将各分部工程的人工、材料和机械总消耗量汇总，并制成表格。

（4）编制措施费、其他项目费、规费、税金等费用。

（5）"两算"对比。将施工图预算与施工预算中的分部工程人工、材料、机械台班消耗量或价值列出，并一一对比，算出节约差或超支额，以便反映经济效果，考核施工图预算是否达到降低工程成本之目的。否则，应重新研究施工方法和技术组织措施，修正施工方案，防止亏本。

（6）编写编制说明。

三、"两算"对比

（一）"两算"对比的概念

"两算"对比是指施工预算与施工图预算的对比。这里的施工图预算指的是施工单位编制的投标报价。施工图预算确定的是工程预算成本，施工预算确定的是工程计划成本，它们是从不同角度计算的工程成本。

"两算"对比是建筑企业运用经济活动分析来加强经营管理的一种重要手段。通过"两算"对比分析，可以了解施工图预算的正确与否，发现问题，及时纠正；通过"两算"对比可以对该单位工程给施工企业带来的经济效益进行预测，使施工企业做到心中有数，事先控制不合理的开支，以免造成亏损；通过"两算"对比分析，可以预先找出节约或超支的原因，研究其解决措施，防止亏本。

（二）"两算"对比的方法

"两算"对比的方法一般采用实物量对比法或实物金额对比法。

1．实物量对比法

实物量是指分项工程所消耗的人工、材料、机械台班消耗的实物数量。对比是将"两算"中相同项目所需的人工、材料和机械台班消耗量进行比较，或者以分部工程或单位工程为对象。将"两算"的人工、材料汇总数量相比较。因"两算"各自的定额项目划分工作内容不一致，为使两者有可比性，常常需经过项目合并、换算之后才能进行对比。由于预算定额项目的综合性较施工定额项目大，故一般是合并施工预算项目的实物量，使其与预算定额项目相对应，然后进行对比。

2．实物金额对比法

实物金额是指分项工程所消耗的人工、材料和机械台班的金额费用。由于施工预算只能反映完成项目所消耗的实物量，并不反映其价值，为使施工预算和施工图预算进行金额对比，就需要将施工预算中的人工、材料和机械台班的数量，乘以各自的单价，汇总成人工费、材料费和机械台班使用费，然后与施工图预算的人工费、材料费和机械台班使用费相比较。

3. "两算"对比的一般说明

（1）人工数量。一般施工预算工日数应低于施工图预算工日数的10%～15%，因为两者的基础不一样。比如，考虑到在正常施工组织的情况下，工序搭接及土建与水电安装之间的交叉配合所需停歇时间，工程质量检查与隐蔽工程验收而影响的时间和施工中不可避免的少量零星用工等因素，施工图预算定额有10%人工幅度差。

（2）材料消耗。材料消耗方面，一般施工预算应低于施工图预算消耗量。由于定额水平不一致，有的项目会出现施工预算消耗量大于施工图预算消耗量的情况，这时，要调查分析，根据实际情况调查施工预算用量后再予对比。

（3）机械台班数量及机械费。由于施工预算是根据施工组织设计或施工方案规定的实际进场施工机械种类、型号、数量和工期编制计算机械台班，而施工图预算定额的机械台班是根据需要和合理配备来综合考虑的，多以金额表示，因此一般以"两算"的机械费相对比，且只能核算搅拌机、卷扬机、塔吊、汽车吊和履带吊等大中型机械台班费是否超过施工图预算的机械费。如果机械费大量超支，没有特殊情况，应改变施工采用的机械方案，尽量做到不亏本而略有盈余。

（4）措施费。通用措施和专用措施费用的对比。

第二节　工程施工计量

一、工程计量的重要性

（一）计量是控制工程造价的关键环节

工程计量是指根据设计文件及承包合同中关于工程量计算的规定，项目管理机构对承包商申报的已完成工程的工程量进行的核验。合同条件中明确规定工程量表中开列的工程量是该工程的估算工程量，不能作为承包商应予完成的实际和确切的工程量。因为工程量表中的工程量是在编制招标文件时，在图纸和规范的基础上估算的工作量，不能作为结算工程价款的依据，而必须通过项目管理机构对已完成的工程进行计量。经过项目管理机构计量所确定的数量是向承包商支付任何款项的凭证。

（二）计量是约束承包商履行合同义务

计量不仅是控制项目投资费用支出的关键环节，同时也是约束承包商履行合同义务、强化承包商合同意识的手段。FIDIC（国际咨询工程师联合会）合同条件规定，业主对承包商的付款，是以工程师批准的付款证书为凭据的，工程师对计量支付有充分的批准权和否决权。对于不合格的工作和工程，工程师可以拒绝计量。同时，工程师通过按时计量，可以及时掌握承包商工作的进展情况和工程进度。当工程师发现工程进度严重偏离计划目标时，可要求承包商及时分析原因、采取措施、加快进度。因此，在施工过程中，项目管理机构可以通过计量支付手段，控制工程按合同进行。

二、工程计量的程序

（一）施工合同（示范文本）约定的程序

按照施工合同（示范文本）规定，工程计量的一般程序是：承包人应按专用条款约定的时间，向工程师提交已完工程量的报告，工程师接到报告后 7 天内按设计图纸核实已完工程量，并在计量前 24 小时通知承包人，承包人为计量提供便利条件并派人参加。承包人收到通知后不参加计量，计量结果有效，作为工程价款支付的依据。工程师收到承包人报告后 7 天未进行计量，从第 8 天起，承包人报告中开列的工程量即视为已被确认，作为工程价款支付的依据。工程师不按约定时间通知承包人，使承包人不能参加计量，计量结果无效，对承包人超出设计图纸范围和因承包人原因造成返工的工程量不予计量。

（二）建设工程管理规范规定的程序

（1）承包单位按合同约定的时间，统计经造价管理者质量验收合格的工程量，按施工合同的约定填报工程量清单和工程款支付申请表。

（2）造价管理者在接到报告 14 天内核实现场计量，按施工合同的约定审核工程量清单和工程款支付申请表，并报总管理者审定。

（3）造价总管理者签署工程款支付证书，并报建设单位。

（三）FIDIC 施工合同约定的工程计量程序

按照 FIDIC 施工合同约定，当工程师要求测量工程的任何部分时，应向承包商代表发出合理通知，承包商代表应做到以下几点。

（1）及时亲自或另派合格代表，协助工程师进行测量。

（2）提供工程师要求的任何具体材料。

如果承包商未能到场或派代表到场，工程师（或其代表）所作测量应作为准确测量，予以认可。

除合同另有规定外，凡需根据记录进行测量的任何永久工程，此类记录应由工程师准备。承包商应根据或被提出要求时，到场与工程师对记录进行检查和协商，达成一致后应在记录上签字。如果承包商未到场，应认为该记录准确，予以认可。如果承包商检查后不同意该记录，应向工程师发出通知，说明认为该记录不准确的部分。工程师收到通知后，应审查该记录，进行确认或更改。如果承包商在被要求检查记录 14 天内，没有发出此类通知，该记录应作为准确记录，予以认可。

三、工程计量的依据

计量依据一般有施工合同、设计文件、质量合格证书，以及工程量清单计价规范和技术规范中的"计量支付"条款和设计图纸、测量数据等条例的证书。也就是说，计量时必须以这些资料为依据。

（1）施工合同。施工合同中有关计量的条款是工程计量的重要依据。

（2）设计文件。单价合同以实际完成的工程量进行结算，凡是被工程师计量的工程数量，并不一定是承包商实际施工的数量。计量的几何尺寸要以设计图纸为依据，工程师对承包商超出设计图纸要求增加的工程量和自身原因造成返工的工程量，不予计量。

（3）质量合格证书。对于承包商已完成的工程，并不是全部进行计量，而只是质量达到合同标准的已完成的工程才予以计量。所以工程计量必须与质量管理紧密配合，经过专业工程师检验，工程质量达到合同规定的标准后，由专业工程师签署报验申请表（质量合格证书），只有质量合格的工程才予以计量。所以说质量管理是计量管理的基础，计量又是质量管理的保障，通过计量支付，强化承包商的质量意识。

（4）工程量清单计价规范和技术规范。工程量清单计价规范和技术规范是确定计量方法的依据，因为工程量清单计价规范和技术规范的"计量支付"条款规定了清单中每一项工程的计量方法，同时还规定了按规定的计量方法确定的单价所包括的工作内容和范围。除工程师书面批准外，凡超过图纸所规定的任何宽度、长度、面积或体积均不予计量。

四、工程计量的原则

（1）按合同计量。

（2）按实际计量。

（3）准确计量。

（4）三方联合会签。

（5）承包商超出施工图或自身原因造成的返工工程量不予计量。

（6）工程变更签认不全的工程量不予计量。

（7）未经监理工程师验收合格的工程量不予计量。

（8）会审中对报验不全和有违约行为的不予审核计量。

（9）因承包商自身风险或自身施工需要而另外产生的工程量不予计量。

五、工程计量的方法

根据 FIDIC 合同条件的规定，一般可按照以下方法进行计量。

（1）均摊法。均摊法即对清单中某些项目的合同价款，按合同工期平均计量，如为监理工程师提供宿舍、保养测量设备、维护工地清洁和整洁等。这些项目的共同特点是每月均有发生。

（2）凭据法。凭据法即按照承包商提供的凭据进行计量支付。如建筑工程险保险费、第三方责任险保险费、履约保证金等项目，一般按凭据法进行计量支付。

（3）估价法。估价法即按合同文件的规定，根据工程师估算的已完成的工程价值支付。例如，为工程师提供办公设施和生活设施，当承包商不能一次购进时，则需采用估价法进行计量支付。

（4）断面法。断面法主要用于取土坑或填筑路堤土方的计量。采用这种方法计量，在开工前承包商需测绘出原地形的断面，并需经工程师检查，作为计量的依据。

（5）图纸法。在工程量清单中，许多项目都采取按照设计图纸所示的尺寸进行计量，如混凝土构筑物的体积、钻孔桩的桩长等。

（6）分解计量法。分解计量法即将一个项目，根据工序或部位分解为若干子项，对完成的各子项进行计量支付。这种计量方法主要是为了解决一些包干项目或较大的工程项目的支付时间过长，影响承包商的资金流动等问题。

第三节　工程变更及其价款的确定

一、工程变更的含义与内容

建设工程变更是指施工图设计完成后，施工合同签订后，项目施工阶段发生的与招标文件发生变化的技术文件，包含设计变更通知单及技术核定单。

设计变更是指设计单位依据建设单位要求调整，或对原设计内容进行修改、完善、优化。设计变更应以图纸或设计变更通知单的形式发出。

技术核定单是记录施工图设计责任之外，对完成施工承包义务、采取合理的施工措施等技术事宜，提出的具体方案、方法、工艺、措施等，经发包方和有关单位共同核定的凭证之一。

工程变更通常都会涉及费用和施工进度的变化，变更工程部分往往要重新确定单价，需要调整合同价款；承包人也经常利用变更的契机进行索赔。

工程变更的范围和内容包括如下几项。

（1）取消合同中的任何一项工作，但被取消的工作不能转由发包人或其他人实施。

（2）改变合同中的任何一项工作的质量或其他特性。

（3）改变合同工程的基线、标高、位置或尺寸。

（4）改变合同中的任何一项工作的施工时间后改变已批准的施工工艺或顺序。

（5）为完成工程需要追加的额外工作。

二、工程变更的分类

（一）按提出工程变更的各方当事人来分类

1. 承包商提出的工程变更

承包方鉴于现场情况的变化或出于施工便利，或受施工设备限制，遇到不能预见的地质条件或地下障碍，资源市场的原因（如材料供应或施工条件不成熟，认为需改用其他材料替代，或需要改变工程项目具体设计等引起的），施工中产生错误，工程地质勘察资料不准确而引起的修改（如基础加深），或为了节约工程成本和加快工程施工进度等原因，可以要求变更设计。

2. 建设方提出变更

建设方根据工程的实际需要提出的工程变更，如修改工艺技术（包括设备的改变）、增减工程内容、改变使用功能、使用的材料品种的改变等。

3. 监理工程师提出工程变更

监理工程师根据施工现场的地形、地质、水文、材料、运距、施工条件、施工难易程度及临时发生的各种问题等各方面的原因，综合考虑认为需要的变更。

4. 工程相邻地段的第三方提出变更

例如，当地政府主管部门和群众提出的变更设计，规划、环保及其他政府主管部门等提出的要求。

5. 设计方提出变更

设计单位对原设计有新的考虑或为进一步完善设计等提出变更设计。

（二）按工程变更的性质来分类

1. 重大变更

重大变更包括改变技术标准和设计方案的变动，如结构形式的变更、使用功能的变更、重大防护设施及其他特殊设计的变更。

2. 重要变更

重要变更包括不属于第一类范围的较大变更，如标高、位置和尺寸变动，变动工程性质、质量和类型等。

3. 一般变更

变更原设计图纸中明显的差错、碰、漏；不降低原设计标准下的构件材料代换和现场必须立即决定的局部修改等。

三、变更遵循的原则

一般来说，建设单位有权对设计文件中不涉及结构等质量内容进行变更，并不得违反法律法规特别是有关强制性条文的要求。设计单位有权在设计权限范围内对图纸进行修改。监理单位有权对施工单位提出的变更进行审查，并提出合理化建议。施工单位提出的变更须满足下列原则。

（1）工程变更必须遵守设计任务书和初步设计审批的原则，符合有关技术标准设计规范，符合节约能源、节约用地、提高工程质量、方便施工、利于营业、节约工程投资、加快工程进度的原则。工程项目文件一经批准，不得任意变更，除非确实需要，应根据工程变更规定程序上报批准。

（2）工程变更的变更设计必须在合同条款的约束下进行，任何变更不能使合同失效。

（3）在工程变更过程中，不得相互串通作弊，不得通过行贿、回扣等不正当手段获取工程变更的审批。

（4）提出变更申请时，须附完整的工程变更佐证资料，如变更申请表、变更理由、原始记录、设计图纸的缺点、变更工程造价计算书等。

（5）对于工程变更，现场工作组人员必须严格把好第一关，依据工程现场实际数据、资料严格审查所提工程变更理由的充分性与变更的必要性，合理、准确地做好工程变更的核实、计量与估价，切实做到公平、合理并按规定程序正确受理。

（6）为避免影响工程进度，工程变更的审批应规定严格的时间周期，一般在7～15天内批复。

（7）工程变更设计经审查批准后，有现场工作组根据批复下达变更通知，施工单位应按变更通知及批准的变更设计文件施工，并相应调整有关工程费用。

（8）变更后的单价仍执行合同中已有的单价，如合同中无此单价或因变更带来的影响和变化，应按合同条款进行估价。经承包商提出单价分析数据，监理工程师审定，业主认可后，按认可的单价执行。

（9）无总监理工程师或其代表签发的设计变更令，承包商不得做出任何工程设计和变更，否则驻地监理工程师可不予计量和支付。

四、申报审批程序

（一）业主指令的变更

业主指令的变更，由总监理工程师直接下达变更令，交驻地监理工程师监督执行，并将变更资料交工程师、合同部存档。如涉及设计变更要由设计代表作变更设计图纸。

（二）监理工程师根据有关规定对工程进行的变更

监理工程师决定根据有关规定对工程进行变更时，向承包人发出意向通知书，内容主要包括：变更的工程项目、部位或合同某文件内容；变更的原因、依据及有关的文件、图纸、资料；要求承包人据此安排变更工程的施工或合同文件修订的事宜；要求承包人向监理工程师提交此项变更给其带来影响的估价报告。

（三）承包人提出的变更

承包人应按程序提出变更申请，经监理工程师批准后执行。具体的申报审批程序如下。

1. 承包人申请

先由承包人提出申请及内容报告，包括变更的理由、变更的方案和数量，以及单价和费用，报驻地办审批。

2. 驻地监理审核

驻地监理接到承包人变更申请后及时进行调查、分析、收集相关资料，审核其变更内容、技术方案及变更的工程数量，签批意见后上报监理代表处工程部。

3. 工程部的审查和核实

工程部接到驻地监理签批的工程变更申报资料后，应认真按图纸、规范等审查其提出的工程变更的技术方案是否合理，并组织有关人员复核变更的工程量。对于工程变更的技术方案的审查是一项十分重要的工作，只有工程变更的技术方案合理，变更的工程内容才能成立，所以技术方案一定要尽可能提出两种以上，以便进行对比，要结合经济技术分析选择最优的方案作为最终的工程变更方案执行。

对于变更工程量的核定一般程序是：承包人提供工程变更数量的计量资料，包括图纸及计算公式，驻地监理对承包人提供的变更数量先进行核实签认，工程部再对工程变更数量进行核实签认后转合同部核定单价和费用。

4. 合同部审核单价和费用

合同部根据驻地监理和工程部的审核意见，对承包人提出的申报单价进行审核，通过单价分析确定建议的单价和费用。签批意见上报总监理工程师。

5. 总监理工程师审批

总监理工程师审核后，报业主审批。

6. 业主的审批

业主审批，然后下发工程变更批文，包括对工程数量的确认和对工程单价的审批。

7. 签发工程变更令

在变更资料齐全、变更费用确定之后，征得业主审批同意，监理工程师应根据合同规定，签发工程变更令，然后监督执行。

五、工程变更价款的确定

（一）明确工程变更的责任

根据工程变更的内容和原因，明确应由谁承担责任。如施工合同中已明确约定，则按合同执行；如合同中未预料到的工程变更，则应查明责任，判明损失承担者。通常由发包人提出的工程变更，损失由发包人承担；由于客观条件的影响（如施工条件、天气、工资和物价变动等）产生的工程变更，在合同规定范围之内的，按合同规定处理，否则应由双方协商解决。在特殊情况下，变更也可能是由于承包人的违约所导致，损失必须由承包人自己承担。

（二）估测损失

在明确损失承担者的情况下，根据实际情况、设计变更文件和其他有关资料，按照施工合同的有关条款，对工程变更的费用和工期作出评估，以确定工程变更项目与原工程项目之间的类似程度和难易程度，确定工程变更项目的工程量，确定工程变更的单价和总价。

（三）确定变更价款

确定变更价款的原则如下。

（1）合同中已有适用于变更工程的项目时，按合同已有的价格变更合同价款。当变更项目和内容直接适用合同中已有项目时，由于合同中的工程量单价和价格由承包人投标时提供，用于工程变更，容易被发包人、承包人及工程师所接受，从合同意义上讲也是比较公平的。

（2）合同中只有类似于变更工程的项目时，可以参照类似项目的价格变更合同价款。当变更项目和内容类似合同中已有项目时，可以将合同中已有项目的工程量清单的单价和价格拿来间接套用，即依据工程量清单，通过换算后采用；或者是部分套用，即依据工程量清单，取其价格中某一部分使用。

（3）合同中没有适用于或类似于变更合同的项目时，由承包人或发包人提出适当的变更价格，经双方确认后执行。如双方不能达成一致，可提请工程所在地工程造价管理部门进行咨询或按合同约定的争议解决程序办理。由于确定价格的过程中可能延续时间较长或者双方尚未能达到一致意见时，可以先确定暂行价格以便在适当的月份反映在付款证书之中。

当变更工程对其他部分工程产生较大影响时，原单价已不合理或不适用时，则应按上述原则协商或确定新的价格。例如，变更是基础结构形式发生变化，对挖土及回填施工的工程量和施工方法产生重大影响，挖土及回填施工的有关单价便可能不合理。实际工作中，可通过实事求是地编制预算来确定变更价款。编制预算时根据施工合同已确定的计价原则、实际使用的设备、采用的施工方法等进行，施工方案的确定应体现科学、合理、安全、经济和可靠的原则，在确保施工安全及质量的前提下，节省投资。

（四）签字存档

经合同双方协商同意的工程变更，应有书面材料，并由双方正式委托的代表签字。设计变更的，还必须有设计单位的代表签字，这是进行工程价款结算的依据。

<h1 style="text-align:center">第四节　工程索赔</h1>

一、索赔的含义

发包人、承包人未能按施工合同约定履行自己的各项义务或发生错误，给另一方造成经济损失的，由受损方按合同约定提出索赔，索赔金额按施工合同约定支付。

索赔是当事人在合同实施过程中，根据法律、合同规定及惯例，对不应由自己承担责任的情况造成的损失，向合同的另一方当事人提出给予赔偿或补偿要求的行为。在工程建设的各个阶段，都有可能发生索赔，但在施工阶段索赔发生较多。

二、索赔的特征

从索赔的基本含义，可以看出索赔具有以下基本特征。

（一）索赔是双向的

不仅承包人可以向发包人索赔，发包人同样也可以向承包人索赔。由于实践中发包人向承包人索赔发生的频率相对较低，而且在索赔处理中，发包人始终处于主动和有利地位，对承包人的违约行为他可以直接从应付工程款中扣抵、扣留保留金或通过履约保函向银行索赔来实现自己的索赔要求。因此在工程实践中大量发生的、处理比较困难的是承包人向发包人的索赔，也是工程师进行合同管理的重点内容之一。承包人的索赔范围非常广泛，一般只要因非承包人自身责任造成其工期延长或成本增加，都有可能向发包人提出索赔。有时发包人违反合同，如未及时交付施工图纸、合格施工现场、决策错误等，造成工程修改、停工、返工、窝工，未按合同规定支付工程款等，承包人可向发包人提出赔偿要求；也可能由于发包人应承担风险的原因，如恶劣气候条件影响、国家法规修改等造成承包人损失或损害时，也会向发包人提出补偿要求。

（二）只有实际发生了经济损失或权利损害，一方才能向对方索赔

经济损失是指因对方因素造成合同外的额外支出，如人工费、材料费、机械费、管理费等额外开支；权利损害是指虽然没有经济上的损失，但造成了一方权利上的损害，如由于恶劣气候条件对工程进度的不利影响，承包人有权要求工期延长等。因此，发生了实际的经济损失或权利损害，应是一方提出索赔的一个基本前提条件。有时上述两者同时存在，如发包人未及时交付合格的施工现场，既造成承包人的经济损失，又侵犯了承包人的工期权利，因此，承包人既要求经济赔偿，又要求工期延长；有时两者可单独存在，如恶劣气候条件影响、不可抗力事件等，承包人根据合同规定或惯例，只能要求工期延长，不应要求经济补偿。

（三）索赔是一种未经对方确认的单方行为

索赔与我们通常所说的工程签证不同。在施工过程中签证是承发包双方就额外费用补偿或工期延长等达成一致的书面证明材料和补充协议，它可以直接作为工程款结算或最终增减工程造价的依据；而索赔则是单方面行为，对对方尚未形成约束力，这种索赔要求能否得到最终实现，必须要通过双方确认（如双方协商、谈判、调解或仲裁、诉讼）后才能实现。

许多人一听到"索赔"两字，很容易联想到争议的仲裁、诉讼或双方激烈的对抗，因此往往认为应当尽可能避免索赔，担心因索赔而影响双方的合作或感情。实质上索赔是一种正当的权利或要求，是合情、合理、合法的行为，它是在正确履行合同的基础上争取合理的偿付，不是无中生有、无理争利。索赔同守约、合作并不矛盾、对立，索赔本身就是市场经济中合作的一部分，只要是符合有关规定的、合法的或者符合有关惯例的，就应该理直气壮地、主动地向对方索赔。大部分索赔都可以通过协商谈判和调解等方式获得解决，只有在双方坚持己见而无法达成一致时，才会提交仲裁或诉诸法院求得解决，即使诉诸法律程序，也应当被看成是遵法守约的正当行为。

三、索赔的作用

索赔与工程承包合同同时存在。它的主要作用如下。

（一）保证合同的实施

合同一经签订，合同双方即产生权利和义务关系。这种权益受法律保护，这种义务受法律制约。索赔是合同法律效力的具体体现，并且由合同的性质决定。如果没有索赔和关于索赔的法律规定，则合同形同虚设，对双方都难以形成约束，这样合同的实施得不到保证，不会有正常的社会经济秩序。索赔能对违约者起警诫作用：使他考虑到违约的后果，从而尽力避免违约事件发生。所以索赔有助于工程双方更紧密地合作，有助于合同目标的实现。

（二）落实和调整合同双方经济责任关系

有权利，有利益，同时又应承担相应的经济责任。谁未履行责任，构成违约行为，造成对方损失，侵害对方权利，则应承担相应的合同处罚，予以赔偿。离开索赔，合同的责任就不能体现，合同双方的责权利关系就不平衡。

（三）维护合同当事人正当权益

索赔是一种保护自己，维护自己正当利益，避免损失，增加利润的手段。在现代承包工程中，如果承包商不能进行有效的索赔，不精通索赔业务，往往使损失得不到合理的及时的补偿，不能进行正常的生产经营，甚至要倒闭。

（四）促使工程造价更合理

施工索赔的正常开展，把原来打入工程报价的一些不可预见费用，改为按实际发生的损失支付，有助于降低工程报价，使工程造价更合理。

四、施工索赔分类

（一）按索赔的合同依据分类

1. 合同中明示的索赔

合同中明示的索赔是指承包商所提出的索赔要求，在该工程项目的合同文件中有文字依据，承包商可以据此提出索赔要求，并取得经济补偿。这些在合同文件中有文字规定的合同条款，称为明示条款。

2. 合同中默示的索赔

合同中默示的索赔，即承包商的该项索赔要求，虽然在工程项目的合同文件中没有专门的文字叙述，但可以根据该合同文件的某些条款的含义，推论出承包商有索赔权。这种索赔要求，同样有法律效力，有权得到相应的经济补偿。这种有经济补偿含义的条款，在合同管理工作中被称为"默示条款"或"隐含条款"。

默示条款是一个广泛的合同概念，它包含合同明示条款中没有写入、但符合双方签订合同时设想的愿望和当时环境条件的一切条款。这些默示条款，或者从明示条款所表述的设想愿望中引申出来，或者从合同双方在法律上的合同关系引申出来，经合同双方协商一致，或被法律和法规所指明，都成为合同文件的有效条款，要求合同双方遵照执行。

（二）按索赔有关当事人分类

1. 承包人同业主之间的索赔

这是承包施工中最普遍的索赔形式。最常见的是承包人向业主提出的工期索赔和费用索赔；有时，业主也向承包人提出经济赔偿的要求，即"反索赔"。

2. 总承包人和分包人之间的索赔

总承包人和分包人，按照他们之间所签订的分包合同，都有向对方提出索赔的权利，以维护自己的利益，获得额外开支的经济补偿。分包人向总承包人提出的索赔要求，经过总承包人审核后，凡是属于业主方面责任范围内的事项，均由总承包人汇总编制后向业主提出；凡属总承包人责任的事项，则由总承包人同分包人协商解决。

3. 承包人同供货人之间的索赔

承包人在中标以后，根据合同规定的机械设备和工期要求，向设备制造厂家或材料供应人询价订货，签订供货合同。

供货合同一般规定供货商提供的设备的型号、数量、质量标准和供货时间等具体要求。如果供货商违反供货合同的规定，使承包人受到经济损失，承包人有权向供货人提出索赔，反之亦然。

（三）按索赔目的分类

1. 工期索赔

由于非承包人责任的原因而导致施工进程延误，要求批准延展合同工期的索赔，称之为工期索赔。工期索赔形式上是对权利的要求，以避免在原定合同竣工日不能完工时，被业主追究拖期违约责任。一旦获得批准合同工期延展后，承包人不仅免除了承担拖期违约赔偿费的严重风险，而且可能提前工期得到奖励，最终仍反映在经济收益上。

2．费用索赔

费用索赔的目的是要求经济补偿。当施工的客观条件改变导致承包人增加开支，要求对超出计划成本的附加开支给予补偿，以挽回不应由他承担的经济损失。

（四）按索赔的处理方式分类

1．单项索赔

单项索赔是针对某一干扰事件提出的。索赔的处理是在合同实施的过程中，干扰事件发生时，或发生后立即执行，它由合同管理人员处理，并在合同规定的索赔有效期内提交索赔意向书和索赔报告，它是索赔有效性的保证。

单项索赔通常处理及时，实际损失易于计算。例如，工程师指令将某分项工程混凝土改为钢筋混凝土，对此只需提出与钢筋有关的费用索赔即可。

单项索赔报告必须在合同规定的索赔有效期内提交工程师，由工程师审核后交业主，由业主做答复。

2．总索赔

总索赔又称"一揽子索赔"或"综合索赔"。一般在工程竣工前，承包人将施工过程中未解决的单项索赔集中起来，提出一篇总索赔报告。合同双方在工程交付前后进行最终谈判，以一揽子方案解决索赔问题。

通常在以下几种情况下采用总索赔。

（1）在施工过程中，有些单项索赔原因和影响都很复杂，不能立即解决，或双方对合同的解释有争议，而合同双方都要忙于合同实施，可协商将单项索赔留到工程后期解决。

（2）业主拖延答复单项索赔，使施工过程中的单项索赔得不到及时解决。在国际工程中，有的业主就以拖的办法对待索赔，常常使索赔和索赔谈判旷日持久，导致许多索赔要求集中起来。

（3）在一些复杂的工程中，当干扰事件多，几个干扰事件同时发生，或有一定的连贯性，互相影响大，难以一一分清，则可以综合在一起提出索赔。

总索赔有以下特点。

（1）处理和解决都很复杂，由于施工过程中的许多干扰事件搅在一起，使得原因、责任和影响分析很为艰难。索赔报告的起草、审阅、分析、评价难度大。由于解决费用、时间补偿的拖延，这种索赔的最终解决还会连带引起利息的支付、违约金的扣留、预期的利润补偿、工程款的最终结算等问题。这会加剧索赔解决的困难程度。

（2）为了索赔的成功，承包人必须保存全部的工程资料和其他作为证据的资料，这使得工程项目的文档管理任务极为繁重。

（3）索赔的集中解决使索赔额集中起来，造成谈判的困难。由于索赔额大，双方都不愿或不敢作出让步，所以争执更加激烈。通常在最终一揽子方案中，承包商往往必须作出较大让步，有些重大的一揽子索赔谈判一拖几年，花费大量的时间和金钱。对索赔额大的一揽子索赔，必须成立专门的索赔小组负责处理。在国际承包工程中，通常聘请法律专家、索赔专家，或委托咨询公司、索赔公司进行索赔管理。

（4）由于合理的索赔要求得不到解决，影响承包人的资金周转和施工速度，影响承包人履行合同的能力和积极性。这样会影响工程的顺利实施和双方的合作。

五、施工索赔的原因

引起索赔的原因是多种多样的，以下是一些主要原因。

（一）业主违约

业主违约常常表现为业主或其委托人未能按合同规定为承包人提供应由其提供的、使承包人得以施工的必要条件，或未能在规定的时间内付款。比如业主未能按规定时间向承包人提供场地使用权，工程师未能在规定时间内发出有关图纸、指示、指令或批复，工程师拖延发布各种证书（如进度付款签证、移交证书等），业主提供材料等的延误或不符合合同标准，还有工程师的不适当决定和苛刻检查等。

（二）合同缺陷

合同缺陷常常表现为合同文件规定不严谨甚至矛盾、合同中的遗漏或错误。这不仅包括商务条款中的缺陷，也包括技术规范和图纸中的缺陷。在这种情况下，工程师有权作出解释。但如果承包人执行工程师的解释后引起成本增加或工期延长，则承包人可以为此提出索赔，工程师应给予证明，业主应给予补偿。一般情况下，业主作为合同起草人，他要对合同中的缺陷负责，除非其中有非常明显的含糊或其他缺陷，根据法律可以推定承包商有义务在投标前发现并及时向业主指出。

（三）施工条件变化

在土木建筑工程施工中，施工现场条件的变化对工期和造价的影响很大。由于不利的自然条件及障碍，常常导致设计变更、工期延长或成本大幅度增加。

土建工程对基础地质条件要求很高，而这些土壤地质条件，如地下水、地质断层、熔岩孔洞、地下文物遗址等，根据业主在招标文件中所提供的材料，以及承包人在招标前的现场勘察，都不可能准确无误地发现，即使是有经验的承包人也无法事前预料。因此，基础地质方面出现的异常变化必然会引起施工索赔。

（四）工程变更

土建工程施工中，工程量的变化是不可避免的，施工时实际完成的工程量超过或小于工程量表中所列的预计工程量。在施工过程中，工程师发现设计、质量标准和施工顺序等问题时，往往会指令增加新的工作、改换建筑材料、暂停施工或加速施工等。这些变更指令必然引起新的施工费用，或需要延长工期。所有这些情况，都迫使承包人提出索赔要求，以弥补自己所不应承担的经济损失。

（五）工期拖延

大型土建工程施工中，由于天气、水文地质等因素的影响，常常出现工期拖延。分析拖期原因、明确拖期责任时，合同双方往往产生分歧，使承包商实际支出的计划外施工费用得不到补偿，势必引起索赔要求。

如果工期拖延的责任在承包商方面，则承包商无权提出索赔。他应该以自费采取赶工的措施，抢回延误的工期；如果到合同规定的完工日期时，仍然做不到按期建成，则应承担误期损害赔偿费。

（六）工程师指令

工程师指令通常表现为工程师指令承包商加速施工、进行某项工作、更换某些材料、采取某种措施或停工等。工程师是受业主委托来进行工程建设监理的，其在工程中的作用是监督所有工作都按合同规定进行，督促承包商和业主完全合理地履行合同、保证合同顺利实施。为了保证合同工程达到既定目标，工程师可以发布各种必要的现场指令。相应地，因这种指令（包括指令错误）而造成的成本增加和（或）工期延误，承包商当然可以索赔。

（七）国家政策及法律、法令变更

国家政策及法律、法令变更，通常是指直接影响到工程造价的某些政策及法律、法令的变更，比如限制进口、外汇管制或税收及其他收费标准的提高。无疑，工程所在国的政策及法律、法令是承包商投标时编制报价的重要依据之一。就国际工程而言，合同通常都规定，从投标截止日期之前的第 28 天开始，如果工程所在国法律和政策的变更导致承包商施工费用增加，则业主应该向承包商补偿其增加值；相反，如果导致费用减少，则也应由业主受益。做出这种规定的理由是很明显的，因为承包商根本无法在投标阶段预测这种变更。就国内工程而言，因国务院各有关部门、各级建设行政管理部门或其授权的工程造价管理部门公布的价格调整，比如定额、取费标准、税收、上缴的各种费用等，可以调整合同价款。如未予调整，承包商可以要求索赔。

（八）其他承包商干扰

其他承包商干扰通常是指其他承包商未能按时、按序进行并完成某项工作，各承包商之间配合协调不好等而给本承包商的工作带来的干扰。大中型土木工程，往往会有几个承包商在现场施工。由于各承包商之间没有合同关系，工程师作为业主委托人有责任组织协调好各个承包商之间的工作；否则，将会给整个工程和各承包商的工作带来严重影响，引起承包商索赔。比如，某承包商不能按期完成他那部分工作，其他承包商的相应工作也会因此延误。在这种情况下，被迫延迟的承包商就有权向业主提出索赔。在其他方面，如场地使用、现场交通等，各承包商之间也都有可能发生相互干扰的问题。

（九）其他第三方原因

其他第三方原因通常表现为因与工程有关的其他第三方的问题而引起的对本工程的不利影响，如银行付款延误、邮路延误、港口压港等。由于这种原因引起的索赔往往比较难以处理。比如，业主在规定时间内依规定方式向银行寄出了要求向承包商支付款项的付款申请，但由于邮路延误，银行迟迟没有收到该付款申请，因而造成承包商没有在合同规定的期限内收到工程款。在这种情况下，由于最终表现出来的结果是承包商没有在规定时间内收到款项，所以承包商往往会向业主索赔。对于第三方原因造成的索赔，业主给予补偿后，业主应该根据其与第三方签订的合同规定或有关法律规定再向第三方追偿。

六、索赔程序

（一）承包人的索赔

承包人的索赔程序通常可分为以下几个步骤。

1. 索赔意向通知

在索赔事件发生后，承包人应抓住索赔机会，迅速做出反应。承包人应在索赔事件发生后的 28 天内向工程师递交索赔意向通知，声明将对此事件提出索赔。该意向通知是承包人就具体的索赔事件向工程师和业主表示的索赔愿望和要求。如果超过这个期限，工程师和业主有权拒绝承包人的索赔要求。

当索赔事件发生，承包人就应该进行索赔处理工作，直到正式向工程师和业主提交索赔报告。这一阶段包括许多具体的复杂的工作，主要有以下几项。

（1）事态调查，即寻找索赔机会。通过对合同实施的跟踪、分析、诊断，发现了索赔机会，则应对它进行详细的调查和跟踪，以了解事件经过、前因后果并掌握事件详细情况。

（2）损害事件原因分析，即分析这些损害事件是由谁引起的，它的责任应由谁来承担。一般只有非承包人责任的损害事件才有可能提出索赔。在实际工作中，损害事件的责任常常是多方面的，故必须进行责任分解，划分责任范围，按责任大小，承担损失。这里特别容易引起合同双方争执。

（3）索赔根据，即索赔理由，主要指合同文件。必须按合同判明这些索赔事件是否违反合同，是否在合同规定的赔偿范围之内。只有符合合同规定的索赔要求才有合法性，才能成立。例如，某合同规定，在工程总价 15% 的范围内的工程变更属于承包人承担的风险，如果业主指令增加工程量在这个范围内，承包人不能提出索赔。

（4）损失调查，即为索赔事件的影响分析。它主要表现为工期的延长和费用的增加。如果索赔事件不造成损失，则无索赔可言。损失调查的重点是收集、分析、对比，实际和计划的施工进度、工程成本和费用方面的资料，以此为基础计算索赔值。

（5）搜集证据。索赔事件发生，承包人就应抓紧搜集证据，并在索赔事件持续期间一直保持完整的当时记录，这是索赔要求有效的前提条件。如果在索赔报告中提不出证明其索赔理由、索赔事件的影响、索赔值的计算等方面的详细资料，索赔要求是不能成立的。在实际工程中，许多索赔要求都因没有或缺少书面证据而得不到合理的解决。所以承包人必须对这个问题有足够的重视。通常，承包人应按工程师的要求做好并保持当时记录，并接受工程师的审查。

（6）起草索赔报告。索赔报告是上述各项工作的结果和总括。它表达了承包人的索赔要求和支持这个要求的详细依据。它决定了承包人索赔的地位，是索赔要求能否获得有利和合理解决的关键。

2. 索赔报告递交

索赔意向通知提交后的 28 天内，或工程师可能同意的其他合理时间内，承包人应递送正式的索赔报告。索赔报告的内容应包括事件发生的原因、对其权益影响的证据资料、索赔的依据、此项索赔要求补偿的款项和工期展延天数的详细计算等有关材料。如果索赔事件的影响持续存在，28 天内还不能算出索赔额和工期展延天数时，承包人应按工程师合理要求的时间间隔（一般为 28 天），定期陆续报出每一个时间段内的索赔证据资料和索赔要求。在该项索赔事件的影响结束后的 28 天内，报出最终详细报告，提出索赔论证资料和累计索赔额。

承包人发出索赔意向通知后，可以在工程师指示的其他合理时间内再报送正式索赔报告，也就是说工程师在索赔事件发生后有权不马上处理该项索赔。如果事件发生时，现场施工非常紧张，工程师不希望立即处理索赔而分散各方抓施工管理的精力，可通知承包人将索赔的处理留待施工不太紧张时再去解决。但承包人的索赔意向通知必须在事件发生后的 28 天内提出，包括因对变更估价双方不能取得一致意见，而先按工程师单方面决定的单价或价格执行时，承包人提出的保留索赔权利的意向通知。如果承包人未能按时间规定提出索赔意向和索赔报告，则他就失去了该项事件请求补偿的索赔权利。此时他所受到损害的补偿，将不超过工程师认为应主动给予的补偿额，或把该事件损害提交仲裁解决时，仲裁机构依据合同和同期记录可以证明的损害补偿额，承包人的索赔权利就受到限制。

3. 工程师审核索赔报告

（1）工程师审核承包人的索赔申请。接到承包人的索赔意向通知后，工程师应建立自己的索赔档案，密切关注事件的影响，检查承包商的同期记录时，随时就记录内容提出他的不同意见之处或他希望应予以增加的记录项目。

在接到正式索赔报告以后，认真研究承包商报送的索赔资料。首先在不确认责任归属的情况下，客观分析事件发生的原因，重温合同的有关条款，研究承包商的索赔证据，并检查他的同期记录。其次通过对事件的分析，工程师再依据合同条款划清责任界限，如果必要时还可以要求承包人进一步提供补充资料。尤其是对承包人与业主或工程师都负有一定责任的事件影响，更应划出各方应该承担合同责任的比例。最后再审查承包人提出的索赔补偿要求，剔除其中的不合理部分，拟定自己计算的合理索赔款额和工期延展天数。

《建设工程施工合同示范文本》规定，工程师收到承包人递交的索赔报告和有关资料后，应在 28 天内给予答复，或要求承包人进一步补充索赔理由和证据。如果在 28 天内既未予答复，也未对承包人做进一步要求的话，则视为承包人提出的该项索赔要求已经认可。

（2）索赔成立条件。工程师判定承包人索赔成立的条件有以下几个。

① 与合同相对照，事件已造成了承包人施工成本的额外支出，或直接工期损失。

② 造成费用增加或工期损失的原因，按合同约定不属于承包人的行为责任或风险责任。

③ 承包人按合同规定的程序提交了索赔意向通知和索赔报告。

上述三个条件没有先后主次之分，应当同时具备。只有工程师认定索赔成立后，才按一定程序处理。

4. 工程师与承包人协商补偿

工程师核查后初步确定应予以补偿的额度，往往与承包人的索赔报告中要求的额度不一致，甚至差额较大。主要原因大多为对承担事件损害责任的界限划分不一致，索赔证据不充分，索赔计算的依据和方法分歧较大等，因此双方应就索赔的处理进行协商。通过协商达不成共识的话，承包商仅有权得到所提供的证据满足工程师认为索赔成立那部分的付款和工期延展。不论工程师通过协商与承包人达到一致，还是他单方面做出的处理决定，批准给予补偿的款额和延展工期的天数如果在授权范围之内，则可将此结果通知承包商，并抄送业主。补偿款将计入下月支付工程进度款的支付证书内，延展的工期加到原合同工期中去。如果批准的额度超过工程师权限，则应报请业主批准。

对于持续影响时间超过 28 天以上的工期延误事件，当工期索赔条件成立时，对承包人每隔 28 天报送的阶段索赔临时报告审查后，每次均应做出批准临时延长工期的决定，并于事件影响结束后 28 天内承包人提出最终的索赔报告后，批准延展工期总天数。应当注意的是，最终批准的总延展天数，不应少于以前各阶段已同意延展天数之和。规定承包人在事件影响期间必须每隔 28 天提出一次阶段索赔报告，可以使工程师能及时根据同期记录批准该阶段应予延展工期的天数，避免事件影响时间太长而不能准确确定索赔值。

5. 工程师索赔处理决定

在经过认真分析研究与承包人、业主广泛讨论后，工程师应该向业主和承包人提出自己的《索赔处理决定》。工程师在《索赔处理决定》中应该简明地叙述索赔事项、理由和建议给予补偿的金额及（或）延长的工期。《索赔评价报告》则是作为该决定的附件提供的。它根据工程师所掌握的实际情况详细叙述索赔的事实依据、合同及法律依据，论述承包人索赔的合理方面及不合理方面，详细计算应给予的补偿。《索赔评价报告》是工程师站在公正的立场上独立编制的。

通常，工程师的处理决定不是终局性的，对业主和承包人都不具有强制性的约束力。在收到工程师的《索赔处理决定》后，无论业主还是承包人，如果认为该处理决定不公正，都可以在合同规定的时间内提请工程师重新考虑。工程师不得无理拒绝这种要求。一般来说，对工程师的处理决定，业主不满意的情况很少，而承包人不满意的情况较多。承包人如果持有异议，他应该提供进一步的证明材料，向工程师进一步表明为什么其决定是不合理的。有时甚至需要重新提交索赔申请报告，对原报告做一些修正、补充或做一些让步。如果工程师仍然坚持原来的决定，或承包人对工程师的新决定仍不满，则可以按合同中的仲裁条款提交仲裁机构仲裁。

6．业主审查索赔处理

当工程师确定的索赔额超过其权限范围时，必须报请业主批准。业主首先根据事件发生的原因、责任范围、合同条款审核承包商的索赔申请和工程师的处理报告，再依据工程建设的目的、投资控制、竣工投产日期要求以及针对承包人在施工中的缺陷或违反合同规定等的有关情况，决定是否批准工程师的处理意见，而不能超越合同条款的约定范围。例如，承包人某项索赔理由成立，工程师根据相应条款规定，既同意给予一定的费用补偿，也批准延展相应的工期。但业主权衡了施工的实际情况和外部条件的要求后，可能不同意延展工期，而宁可给承包人增加费用补偿额，要求他采取赶工措施，按期或提前完工。这样的决定只有业主才有权作出。索赔报告经业主批准后，工程师即可签发有关证书。

7．承包人是否接受最终索赔处理

承包人接受最终的索赔处理决定，索赔事件的处理即告结束。如果承包人不同意，就会导致合同争议。通过协商双方达到互谅互让的解决方案，是处理争议的最理想方式。如达不成谅解，承包人有权提交仲裁解决。

（二）发包人的索赔

《建设工程施工合同示范文本》规定，承包人未能按合同约定履行自己的各项义务或发生错误而给发包人造成损失时，发包人也应按合同约定承包人索赔的时限要求，向承包人提出索赔。

七、索赔费用的计算

索赔费用的项目与合同价款的构成类似，也包括直接费、管理费、利润等。索赔费用的计算方法，基本上与报价计算相似。实际费用法是索赔计算最常用的一种方法。一般是先计算与索赔事件有关的直接费用，然后计算应分摊的管理费、利润等。关键是选择合理的分摊方法。由于实际费用所依据的是实际发生的成本记录或单据，在施工过程中，系统而准确地积累记录资料非常重要。

（一）人工费索赔

人工费索赔包括完成合同范围之外的额外工作所花费的人工费用，由于发包人责任的工效降低所增加的人工费用，由于发包人责任导致的人员窝工费，法定的人工费增长等。

（二）材料费索赔

材料费索赔包括完成合同范围之外的额外工作所增加的材料费，由于发包人责任的材料实际用量超过计划用量而增加的材料费，由于发包人责任的工程延误所导致的材料价格上涨和材料超期储存费用，有经验的承包人不能预料的材料价格大幅度上涨等。

（三）施工机械使用费索赔

施工机械使用费索赔包括完成合同范围之外的额外工作所增加的机械使用费，由于发包人责任的工效降低所增加的机械使用费，由于发包人责任导致机械停工的窝工费等。机械窝工费的计算，如系租赁施工机械，一般按实际租金计算（应扣除运行使用费用）；如系承包人自有施工机械，一般按机械折旧费加人工费（司机工资）计算。

（四）管理费索赔

按国际惯例，管理费包括现场管理费和公司管理费。由于我国工程造价没有区别现场管理费和公司管理费，因此有关管理费的索赔需综合考虑。现场管理费索赔包括完成合同范围之外的额外工作所增加的现场管理费，由于发包人责任的工程延误期间的现场管理费等。对部分工人窝工损失索赔时，如果有其他工程仍然在进行（非关键线路上的工序），一般不予计算现场管理费索赔。公司管理费索赔主要指工期延误期间所增加的公司管理费。

参照国际惯例，管理费的索赔有下面两种主要的分摊计算方法：

$$日管理费 = \frac{合同价款中所包括的管理费}{合同工期}$$

$$管理费索赔额 = 日管理费 \times 合同延误天数$$

$$单位直接费的管理费率 = \frac{管理费总额}{总直接费} \times 100\%$$

$$管理费索赔额 = 索赔直接费 \times 单位直接费的管理费率$$

（五）利润

工程范围变更引起的索赔，承包人是可以列入利润项的。而对于工期延误的索赔，由于延误工期并未影响或削减某些项目的实施，未导致利润减少，因此一般很难在延误的费用索赔中加进利润损失。当工程顺利完成，承包人通过工程结算实现了分摊在工程单价中的全部期望利润，但如果因发包人的原因工程终止，承包人可以对合同利润未实现部分提出索赔要求。

索赔利润的款额计算与原报告的利润率保持一致，即在工程成本的基础上，乘以原报价利润率，作为该项索赔款的利润。

八、工程师索赔管理原则

要使索赔得到公正合理的解决，工程师在工作中必须遵守以下原则。

（一）公正原则

工程师作为施工合同的中介人，他必须公正地行事，以没有偏见的方式解释和履行合同，独立地做出判断，行使自己的权力。由于施工合同双方的利益和立场存在不一致，常常会出现矛盾，甚至冲突，这时工程师起着缓冲、协调作用。工程师的立场或者公正性的基本点有以下几个方面。

（1）工程师必须从工程整体效益、工程总目标的角度出发作出判断或采取行动。使合同风险分配、干扰事件责任分担、索赔的处理和解决不损害工程整体效益和不违背工程总目标。在这个基本点上，双方常常是一致的，例如使工程顺利进行，投入生产，保证工程质量，按合同施工，尽早使工程竣工等。

（2）按照法律规定（合同约定）行事。合同是施工过程中的最高行为准则。作为工程师更应该按合同办事，准确理解，正确执行合同。在索赔的解决和处理过程中应贯穿合同精神。

（3）从事实出发，实事求是。按照合同的实际实施过程、干扰事件的实情、承包商的实际损失和所提供的证据做出判断。

（二）及时履行职责原则

在工程施工中，工程师必须及时地（有的合同规定具体的时间，或"在合理的时间内"）行使权力，做出决定，下达通知、指令，表示认可或满意等。这有以下重要作用。

（1）可以减少承包人的索赔机会。因为如果工程师不能迅速及时地行事，造成承包人的损失，必须给予工期或费用的补偿。

（2）防止干扰事件影响的扩大。若不及时行事会造成承包人停工等待处理指令，或承包人继续施工，造成更大范围的影响和损失。

（3）在收到承包人的索赔意向通知后应迅速做出反应，认真研究密切注意干扰事件的发展。一方面可以及时采取措施降低损失；另一方面可以掌握干扰事件发生和发展的过程，掌握第一手资料，为分析、评价、反驳承包人的索赔做准备。所以工程师也应鼓励并要求承包人及时向他通报情况，并及时提出索赔要求。

（4）不及时地解决索赔问题将会加深双方的不理解、不一致和矛盾。由于不能及时解决索赔问题，承包人资金周转困难，积极性受到影响，施工进度放慢，对工程师和业主缺乏信任感；而业主会抱怨承包人拖延工期，不积极履约。

（5）不及时行事会造成索赔解决的困难。单个索赔集中起来，索赔额积累起来，不仅给分析，评价带来困难，而且会带来新的问题，使解决复杂化。

（三）协商一致原则

工程师在处理和解决索赔问题时应及时地与业主和承包人沟通，保持经常性的联系。在做出决定，特别是调整价格、决定工期和费用补偿方面做调解决定时，应充分地与合同双方协商，最好达成一致，取得共识。这是避免索赔争执的最有效的办法。工程师应充分认识到，如果他的调解不成功，使索赔争执升级，则对合同双方都是损失，将会严重影响工程项目的整体效益。在工程中，工程师切不可凭借他的地位和权力武断行事、滥用权力，特别对承包人不能随便以合同处罚相威胁，或盛气凌人。

（四）诚实信用原则

工程师有很大的工程管理权力，对工程的整体效益有关键性的作用。业主依赖他，将工程管理的任务交给他；承包人希望他公正行事。但他的经济责任较小，缺少对他的制约机制。所以工程师的工作在很大程度上依靠他自身的工作积极性、责任心、诚实、信用以及职业道德来维持。

第五节　工程价款结算

工程价款结算指依据施工合同进行工程预付款、工程进度款结算的活动。在履行工程合同过程中，工程价款结算分为预付款结算和进度款结算这两个阶段。

一、工程预付款

（一）工程预付款的概念

工程预付款是建设工程施工合同订立后由发包人按照合同约定，在正式开工前预先支付给承包人的工程款项。它是施工准备和所需主要材料、结构件等流动资金的主要来源，我国习惯又称"预付备料款"。工程预付款的支付，表明该工程已经实质性启动。预付款还可以带有"动员费"的内容，以供施工人员组织、完成临时设施工程等准备工作之用。例如，有的地方建设行政主管部门明确规定：临时设施费作为预付款，发包人应在开工前全额支付。预付款相当于发包人给承包人的无息贷款。随着我国投资体制的改革，很多新的投资模式如 BT、BOT 不断出现，不是每个工程都存在预付款。

全国各地区、各部门对于预付款额度的规定不尽相同。结合不同工程项目的承包方式、工期等实际情况，可以在合同中约定不同比例的预付备料款。

（二）工程预付款的拨付

施工合同约定由发包人供应材料的，按招标文件提供的"发包人供应材料价格表"所示的暂定价，由发包人将材料转给承包人，相应的材料款在结算工程款时陆续抵扣。这部分材料，承包人不应收取备料款。预付备料款的计算公式为：

$$预付备料款款＝施工合同价或年度建安工程费×预付备料款额度（\%）$$

预付备料款的额度由合同约定，招标时应在合同条件中约定工程预付款的百分比，根据工程类型、合同工期、承包方式和供应方式等不同条件而定。《建设工程价款结算暂定办法》规定：包工包料工程的预付款按合同约定拨付，原则上预付比例不低于合同金额的10％，不高于合同金额的30％，对重大工程项目，按年度工程计划逐年预付。执行《计价规范》的工程，实体性消耗和非实体性消耗部分应在合同中分别约定预付款比例。

在具备施工条件的前提下，发包人应在双方合同签订后的一个月内或不迟于约定的开工日期前的 7 天内预付工程款；发包人不按约定预付，承包人应在预付时间到期后 10 天内向发包人发出要求预付的通知；发包人收到通知后仍不按要求预付，承包人可在发出通知 14 天后停止施工，发包人应从约定应付之日起向承包人支付应付款的利息（利率按同期银行贷款利率计），并承担违约责任。

（三）工程预付款的扣还

备料款属于预付性质，在工程后期应随工程所需材料储备的逐步减少而逐步扣还，以抵充工程价款的方式陆续扣还。预付的工程款必须在施工合同中约定起扣时间和比例等，在工程进度款中进行抵扣。

1. 按公式计算起扣点和抵扣额

按公式计算起扣点和抵扣额的方法的原则是：以未完工程和未施工工程所需材料价值相当于备料款数额时起扣；每次结算工程价款时按主要材料比重抵扣工程价款，竣工时全部扣清。一般情况下，工程进度达到60％左右时，开始抵扣预付备料款。起扣点计算公式为：

$$起扣点已完工程价值 = 施工合同总值 - \frac{预付备料款}{主要材料比重}$$

结算时应扣还的预付备料款的计算公式为：

$$第一次抵扣额 = （累计已完工程价值 - 起扣点已完工程价值）\times 主要材料比重$$
$$以后每次抵扣额 = 每次完成工程价值 \times 主要材料比重$$

主要材料比重可以按照工程造价当中的材料费结合材料供应方式确定。

2. 按照合同约定办法扣还备料款

按公式计算确定起扣点和抵扣额，理论上较为合理，但获得有关计算数据比较烦琐。在实际工作中，常参照上述公式计算出起扣点，在施工合同中采用约定起扣点和固定比例扣还备料款的办法，双方共同遵守。

3. 工程最后一次抵扣备料款

工程最后一次抵扣备料款的方法适用于结构简单、造价低、工期短的工程。备料款在施工前一次拨付，施工过程中不分次抵扣，当备料款加已付工程款打到施工合同总值的95％时（当留5％尾款时），停付工程款。

二、工程进度结算款

工程进度款结算，也称为"中间结算"，指承包人在施工过程中，根据实际完成的分部分项工程数量计算各项费用，向发包人办理工程结算。工程进度款结算是履行施工合同过程中的经常性工作，具体的支付时间、方式和数额等都应在施工合同中做出约定。工程进度款支付步骤：工程量测量与统计→提交已完工程量报告→工程师核实并确认→建设单位认可并审批→支付工程进度款。

众所周知，工程施工过程必然会产生一些设计变更或施工条件变化，从而使合同价款发生变化。对此，发包人和承包人均应加强施工现场的造价控制，及时对施工合同外的事项如实记录并履行书面手续，按照合同约定的合同价款调整内容以及索赔事项，对合同价款进行调整，进行工程进度款结算。

（一）工程计量及其程序

计量支付指在施工过程中间结算时，工程师按照合同约定，对核实的工程量填制中间计量表，作为承包人取得发包人付款的凭证；承包人根据施工合同所约定的时间、方式和工程师所做的中间计量表，按照构成合同价款相应项目的单价和取费标准提出付款申请；

经工程师审核签字后，由发包人予以支付。

《建设工程价款暂行办法》对工程计量有如下规定。

（1）承包人应当按照合同约定的方法和时间，向发包人提交已完工程量的报告。发包人接到报告后 14 天内核实已完工程量，并在核实完 1 天前通知承包人，承包人应提供条件并派人参加核实，承包人收到通知后不参加核实，以发包人核实的工程量作为工程价款支付的依据。发包人不按约定时间通知承包人，致使承包人未能参加核实，核实结果无效。

（2）发包人收到承包人报告后 14 天内未核实完工程量，从第 15 天起，承包人报告的工程量即视为被确认，作为工程价款支付的依据，双方合同另有约定的，按合同执行。

（3）对承包人超出设计图纸（含设计变更）范围和因承包人原因造成返工的工程量，发包人不予计量。

工程计量应当注意严格确定计量内容，严格计量的方法，并且加强隐蔽工程的计量。为了切实做好工程计量与复核工作，工程师应对隐蔽工程做预先测量。测量结果必须经各方认可，并以签字为凭。

通过工程计量支付来控制合同价款，由工程师掌握工程支付签认权，约束承包人的行为，在施工的各个环节上发挥其监督和管理作用。把工程财务支付的签认权和否决权交给工程师，对控制造价十分有利。在施工过程的各个工序上，设置由工程师签认的质量检验程序，同时设置中期支付报表的一系列签认程序，没有工程师签字的工序或分项工程检验报告，该工序或该分项工程不得进入支付报表，且未经工程师签认的支付报表无效。这样做，能有效地控制工程造价，并提高承包人内部管理水平。

（二）工程价款的计算

按照施工合同约定的时间、方式和工程师确认的工程量，承包人按构成合同价款相应项目的单价和取费标准计算，要求支付工程进度款。

工程进度款的计算主要涉及两个方面：一是工程量的计算；二是单价的计算方法。施工合同选用工料单价还是综合单价，工程进度款的计算方法不同。

在工程量清单计价方式下，能够获得支付的项目必须是工程量清单中的项目，综合单价必须按已标价的工程量清单确定。采用固定综合单价法计价，工程进度款的计算公式为：

工程进度款＝∑（计量工程量×综合单价）×（1＋规费费率）×（1＋税金率）

工程进度款结算的性质是按进度临时付款，这是因为在有工程变更但又未对变更价款达成协议时，工程师可以提出一个暂定的价格，作为临时支付工程进度款的依据，有些合同还可能为控制工程进度而提出一个每月最低支付款，不足最低付款额的已完工程价款会延至下个月支付；另外，在按月支付时可能还存在计算上的疏漏，工程竣工结算将调整这些结果差异。

（三）工程支付的有关规定

承包人提出的付款申请除了对所完成的工程量要求付款以外，还包括变更工程款、索赔款、价格调整等。按照《建设工程价款结算暂行办法》及其他有关规定，发承包双方应该按照以下要求办理工程支付。

（1）根据确定的工程计算结果，承包人向发包人提出支付工程进度款申请后的 14 天内，发包人应按数额不低于工程价款的 60％，不高于工程价款的 90％向承包人支付工程进度款。

（2）发包人向承包人支付工程进度款的同时，按约定发包人应扣回的预付款、供应的材料款、调价合同价款、变更合同价款及其他约定的追加合同价款，与工程进度款同期结算。需要说明的是，发包人应扣回的供应的材料款，应按照施工合同规定留下承包人的材料保管费，并在合同价款总额计算之后扣除，即税后扣除。

（3）发包人超过支付的约定时间不支付工程进度款，承包人应及时向承包人发出要求付款的通知，发包人收到承包人通知后仍不按要求付款，可与承包人协商签订延期付款协议，经承包人同意后可延期支付，协议应明确延期支付的时间和从工程计量结果确认后第15 天起计算应付款的利息（利率按同期银行贷款利率计）。

（4）发包人不按合同约定支付工程进度款，双方又未达成延期付款协议，导致施工无法进行，承包人可停止施工，由发包人承担违约责任。

（四）固定单价合同的单价调整

对于固定单价合同，工程量的大小对造价控制有十分重要的影响。在正常履行施工合同期间，如果工程量的变化以及价格上涨水平没有超出规定的变化幅度范围，则执行同一综合单价，按实际完成的且经过工程师核实确认的工程量进行计算，也就是量变价不变合同。

《清单计价》规定：不论是由于工程量清单有误，还是由于设计变更引起工程量的增减，均按实调整合同价款。合同中综合单价因工程量变更需调整时，除合同另有约定外，应按照下列办法确定：由于工程量清单的工程量有误或设计变更引起工程量的增减，属合同约定幅度以外的，其增加部分的工程量或减少后剩余部分的工程量的综合单价由承包人提出，经发包人确认后，作为结算的依据。《计价规范》还规定：由于工程量的变更，且实际发生了除前述规定以外的费用损失，承包人可提出索赔要求，与发包人协商确认后，给予补偿。

固定单价合同单价调整的原因是，在单价合同条件下，招标所采用的工程量清单中的工程量是估计的，承包人是按此工程量分摊完成整个工程所需要的管理费和利润总额，即在投标单价中包含一个固定费率的管理费和利润。当工程量"自动变更"时，承包人实际通过结算所获得的管理费和利润也随之变化。当这种变化超过一定的幅度后，应对综合单价进行调整，这样既保护承包人不因工程量大幅度减少而减少管理费和利润，又保护发包人不因工程量大幅度增加而造成更大的支出。在某种意义上说，这也是对承包人"不平衡报价"的一个制约。

综合单价的调整主要调整分摊在单价中的管理费和利润，合同应当明确约定具体的调整方法，同时在合同签订时还应当约定，承包人应配合工程师确认合同价款中的管理费率和利润率。

（五）中间结算的预测工作

发包人在中间结算时，应根据施工实际完成工程量按月结算，做到拨款有度，心中有数，同时要随时检查投资运用情况，预估竣工前必不可少的各项支出并要求落实后备资金。

（1）检查施工图设计中的活口及甩项等情况，如材料、设备的不定因素，预留孔洞等的遗漏或没有包括的内容等。

（2）检查施工合同中的活口及甩项等情况，如材料、设备的暂估价有多少，按实调整结算的内容，以及其他甩项或未包括的费用等。

（3）预估竣工时政策性调价的增加系数及按实调整材料的差价等。

（4）预估发包人订货的材料、设备的差价。

（5）预估不可避免的施工中的零星变更有多少。

（6）预估其他可能增加的费用，如各项地方性规费及由于专业施工所发生的差价等。

上述各项内容必须预先估足，并与实际投资余额进行核对，看看是否足够，如有缺口应及时采取节约措施，落实后备资金。

参考文献

[1] 陈建国.工程计量与造价管理(第 4 版)[M].上海:同济大学出版社,2017.08.

[2] 陈贤清.工程建设定额原理与实务(第 3 版)[M].北京:北京理工大学出版社,2018.08.

[3] 程鸿群,姬晓辉,陆菊春.工程造价管理[M].武汉:武汉大学出版社,2017.01.

[4] 冯斌,孙赓.电力施工项目成本控制与工程造价管理[M].北京:中国纺织出版社,2021.11.

[5] 郭红侠,赵春红.建设工程造价概论[M].北京:北京理工大学出版社,2018.09.

[6] 郭阳明,郑敏丽,陈一兵.工程建设监理概论[M].北京:北京理工大学出版社,2018.08.

[7] 郝攀,刘芳.工程造价与管理[M].成都:电子科技大学出版社,2016.01.

[8] 蒋志飞.长沙重点工程建设项目纪实[M].长沙:湖南大学出版社,2019.11.

[9] 孔德峰.建筑项目管理与工程造价[M].长春:吉林科学技术出版社,2020.01.

[10] 兰定筠,杨莉琼.建设工程技术与计量:土木建筑工程 2017 年版[M].北京:中国计划出版社,2017.06.

[11] 李华东,王艳梅.工程造价控制[M].成都:西南交通大学出版社,2018.03.

[12] 李金云,李瑾杨.土木工程项目管理[M].杭州:浙江大学出版社,2018.09.

[13] 李艳玲,陈强.建设工程造价管理实务[M].北京:北京理工大学出版社,2018.06.

[14] 刘杨,张普伟.建设工程技术与计量土木建筑工程[M].北京:机械工业出版社,2015.05.

[15] 齐红军,夏芳.工程建设法规[M].北京:北京理工大学出版社,2020.06.

[16] 任彦华,董自才.工程造价管理[M].成都:西南交通大学出版社,2017.09.

[17] 唐明怡,石志锋.建筑工程造价[M].北京:北京理工大学出版社,2017.01.

[18] 田雷,王新.工程建设监理(第 2 版)[M].北京:北京理工大学出版社,2020.12.

[19] 汪春风.工程建设档案管理[M].兰州:甘肃科学技术出版社,2017.08.

[20] 王忠诚,齐亚丽.工程造价控制与管理[M].北京:北京理工大学出版社,2019.01.

[21] 吴心伦.安装工程造价(第 8 版)[M].重庆:重庆大学出版社,2018.01.

[22] 向立平,李莎,唐海兵.建设安装工程造价与项目管理[M].长沙:中南大学出版社,2018.11.

[23] 谢雄耀.隧道工程建设风险与保险[M].上海:同济大学出版社,2019.10.

[24] 杨高升,杨志勇.工程项目合同管理原理与案例[M].北京:机械工业出版社,2021.11.

［25］尤朝阳.建筑安装工程造价［M］.南京:东南大学出版社,2018.06.

［26］张江波,谭光伟,方钧生.EPC 项目造价管理［M］.西安:西安交通大学出版社,2018.02.

［27］赵春红,贾松林.建设工程造价管理［M］.北京:北京理工大学出版社,2018.02.

［28］赵媛静.建筑工程造价管理［M］.重庆:重庆大学出版社,2020.08.

［29］马海顺.建设工程造价实操快速入门:建筑工程［M］.上海:同济大学出版社,2014.03.